虽由人作  宛自天开

图解词典系列丛书

ILLUSTRATED DICTIONARY SERIES

中国园林
图解词典

AN ILLUSTRATED
DICTIONARY OF
CHINESE GARDENS

[加] 王其钧 —— 编著

WANG QIJUN
Text Author and Illustrator

机械工业出版社
CHINA MACHINE PRESS

本书是查询中国园林名词的词典，所有条目都附有插图，与中国园林相关的常见专业词汇在书中都进行了解释。石、水、花、木、窗、廊、亭、桥、颐和园、避暑山庄、寄畅园、拙政园、留园、狮子林……超过800个园林词条，手绘园林局部图示，以高度专业性和独特视觉美学呈现中国园林匠心。

本书由中央美术学院教授王其钧编写与绘制，精美的手绘图，深入浅出、包罗万象的中国园林艺术讲解，让您看到中国园林之美。本书以词条式编排，并辅以拼音首字母排序的索引，方便专业读者快速查询；同时，将波澜壮阔的中国园林和文化发展脉络化为简明的词条呈现，零基础也不怕，费尽心机只为让您看得懂！

北京市版权局著作权合同登记　图字：01-2020-4142。

图书在版编目（CIP）数据

中国园林图解词典/（加）王其钧编著.—北京：机械工业出版社，2021.2（2024.6重印）

（图解词典系列丛书）

ISBN 978-7-111-67093-3

Ⅰ.①中… Ⅱ.①王… Ⅲ.①园林—中国—图解词典 Ⅳ.①TU986.62-61

中国版本图书馆CIP数据核字（2020）第256266号

机械工业出版社（北京市百万庄大街22号　邮政编码100037）
策划编辑：时　颂　赵　荣　责任编辑：时　颂　赵　荣　刘志刚
责任校对：郑　婕　潘　蕊　封面设计：鞠　杨
责任印制：孙　炜
北京利丰雅高长城印刷有限公司印刷
2024年6月第1版第7次印刷
125mm×210mm·12.875印张·3插页·518千字
标准书号：ISBN 978-7-111-67093-3
定价：119.00元

电话服务　　　　　　　　　网络服务
客服电话：010-88361066　机 工 官 网：www.cmpbook.com
　　　　　010-88379833　机 工 官 博：weibo.com/cmp1952
　　　　　010-68326294　金 书 网：www.golden-book.com
封底无防伪标均为盗版　机工教育服务网：www.cmpedu.com

前　言

一页《人民日报》和一页《纽约时报》相比较，其包含的信息量，前者比后者要多30%。造成这种情况的原因是汉字是表意符号，而英语是表音符号。西方人用字母记录的仅仅是词语短暂的发音，而中国人使用汉字记录的是词语的意义。这就是语言的不同所造成的结果。但这种结果不仅仅简单地表现在同一本书中文版的字号大、英文版的字号小，而中文版本图书却比英文版薄不少，也不在于中文的电脑录入速度比英语要快一倍以上（在录入同样内容的情况下）这种表象上。在罗马帝国衰亡以后，当欧洲人不再把拉丁语当作一种统一语言的时候，五花八门的民族语言层出不穷，欧洲人现在只能依靠欧洲联盟来进行重新统一。而中国从秦朝统一之后，文字就得到统一。我们现在对比几百年前的书籍和现在的书籍、全国各地的报纸，都是使用的这一万个左右的汉字。

事实上，像中国汉字这样的文化典型语言现象，表现在传统文化的诸多方面。中国园林，可以说是另一种言简意赅的语言。中国园林用比法国古典花园小得多的基地面积，可以创造出有山有水有花有景的丰富的园林环境，这种令人敬畏的艺术成就在世界造园史上是无与伦比的。

中国园林用较小的面积组织成丰富景观的手段在于其园林要素的组合，正如几千个汉字与英语26个字母相比较一样，中国园林的要素也比欧洲古典园林的要素多得多。尽管归纳后，中国园林的要素同样是相对有限的，但却是有相当强的构成规律的。也正因为如此，才使我有这种强烈的意愿，编写一本园林图解词典，来分类具体介绍中国园林的构成元素，读者可以在弄懂各要素的详尽解释后，再分析规律，进行创作，设计出更富魅力的园林作品。

中国园林是中国建筑文化的精华，至今仍十分适用于现代建筑的室外，甚至室内中庭的空间之中。由于编写本书是一个全新的工作，没有其他的同类书籍可借鉴，因此不仅具有较大的工作难度，也同样会造成这本图典可能会存在我们预想不到的疏忽遗漏。因此也期望同行给予指正。

王其钧

目 录 contents

目录

第二章　园林的类别

第三章　园林的建筑

目录

目录

第九章 彩画

第十章 天花

第十一章 藻井

第十二章 匾额

第一章 园林的设计

造景

缀景

造景

造景是园林设计的一部分，也就是人工制造园林景致，以供游览观赏之用。园林造景多是对于自然景观的模仿，最高境界是"人为有如天成"，源于自然又能高于自然。造景的手法非常多，有点景、缀景、障景、透景、借景、对景等。有的造景手法中又有几种细分手法，例如单是借景一条就分为远借、近借、俯借、仰借、实借、虚借等数种。

缀景

缀景是园林造景手法之一，即在园林庭院或庭前点缀一些山、石或花草等小景，用来美化房舍和庭院，并增加景致的丰富性与美感。这些看似不经意的缀景，会使园林更富观赏性。

点景

点景是对园林内的景观或是空间环境的特点进行一个概括，并用其中一突出的景色或是直接题咏为其命名。这样的造景手法叫作"点景"，"点景"顾名思义就是点题景色，之所以被归为造景手法，主要是因为能被点题的景色必然不凡，要经过精心的设计与营造才能得来。并且点题本身就是对景色的一种经营。

点景

障景

借景

障景

障景是园林造景手法之一，也就是在园林中设置屏障似的景观或景物。园林作为观赏和游览之处，宜细细品味，那么，要能吸引游人细细品味，园林景致至少不能一览无余，而使人没有继续探索下去的兴趣。所以，园林造景首先要设计曲径通幽的曲折效果，将风景层层展开，不进入其中就不能真正领略景致的美，或是看不到景致的真面目，方能引人入胜。障景就是能制造出这种幽曲效果的重要造景手法之一，其实也可以看作是"欲扬先抑、欲露还藏"的手法。

借景

借景是中国园林造景的重要手法，也可以说是中国古典园林独有的造景手法。借景就是通过一定的手段将不属于本园中的景致借用而成本园景致的一部分。园林借景有远借、近借、俯借、仰借等多种。关于借景和借景在造园学上的意义，在明代著名造园学家计成的《园冶》中有很好的阐述："借者：园虽别内外，得景则无拘远近，晴峦耸秀，绀宇凌空；极目所至，俗则屏之，嘉则收之，不分町疃，尽为烟景，斯所谓'巧而得体'者也。"

远借

近借

远借

远借是较远距离的借景。在借景的几个细分手法中，远借是中国古典园林中较为突出、常用者。特别是在一些较大型的或是郊外的园林中，往往多会使用远借手法，以丰富本园景致。如，清代所建的颐和园，就借用了玉泉山和玉峰塔的景致，是使用远借手法中突出的实例。城市中的小园林，为了形成独立、静谧的空间，往往在四围建有高墙，相对于郊外园林来说，借景显然要受到限制，因此，很多城市小园林都在园中建有高楼、亭阁，以便远借园外景致。

近借

近借是近距离的借景，也称"邻借"。近借也是借景手法之一，它是相对远借而言的。近借可以借园外山水或田园景观，也可以借园外的庭院楼台。当然，也可以是相互借用一座园中的不同区域的景致。计成在《园冶》中对近借也进行了论述："倘嵌他人之胜，有一线相通，非为间绝，借景偏宜；若对邻氏之花，才几分消息，可以招呼，收春无尽"。苏州拙政园的宜两亭是中国古典园林近借手法中非常成功的实例。

实借

实借

实借是园林借景手法之一，但它不是指的远、近距离，而是指园林所借入的风景与景观形象为实物，诸如山水、树木、花草，以及亭台楼阁等建筑，是实实在在存在、如果没有外力不会消失的景物。一般来说，园林中的借景大多属于实借，或者说大部分时候我们所能欣赏到的园林借景属于实借范围。

虚借

虚借

虚借是园林借景手法之一，它是相对于实借而言。实借是借用建筑、植物、山水等实景，而虚借则是借用的一些变化不定的景物或景象。自然界中有很多自然现象只在特定的时间发生。如，春天的花、夏天的风、秋天的月、冬天的雪，只在特定的季节才能出现；早晨的露、晚上的雾，寺中的晨钟暮鼓，只在早、晚时出现。这些景象对于园林借景来说，只能借用一时而不能天天借用，所以称为"虚借"，也就是计成在《园冶》中所述的"因时而借"。

仰借

仰借

仰借是园林借景手法之一，也就是借用高处的景致。因为景色有高低不同，自然带来观赏视角的变化，处在高处的景致自然需要仰借。仰借是由低处向高处看，视野所及画面与景致由近及远，由低及高，层次分明，并且所借景物因为在高处，显得非常有气势。仰借可以借实景，也可以借虚景，也就是可以借高处的山、楼，也可以借天空中的浮云与日月。

框景

框景是中国古典园林造景手法之一。它是利用诸如门洞、窗洞、柱框、甚至是树木等，作为一个框架，框住园中一定范围内的景致，形成一种不一样的园林景观，设计自然而别出心裁。框与景两个元素并存形成框景。

框景

俯借

俯借是园林借景手法之一，它与仰借相对。俯借是借低处的景致，也就是借用处于视平线以下的景物的手法。在俯借情境中，观者处于高处，从高处向低处看，景物与由景物而产生的画面都有如在脚下，甚至会感觉自己有如在云端，而产生一种豪放的审美心态，以至完全融入园林景观，进入忘我的境界。这样的俯借是极为成功的。俯借可以是在亭榭之中下视水中游鱼，或是仅仅观赏水波流动；也可以是站在高处，如山顶、楼上向下观赏园林的大片景致，甚至是远景。

俯借

隔景

隔景作为中国古典园林的造景手法之一，与障景比较接近。障景是完全地遮挡如障碍，而隔景既有障景的效果，又能做到不完全隔断，例如利用游廊、云墙、树木花草等作为景物或景区间的隔断，游廊、云墙上往往开设有花窗，使其内外景致隔而不断。而树木本身就有疏密变化，自然也不是完全的遮蔽。当然，有时候隔景也等同障景。

隔景

透景

透景是中国古典园林的造景手法之一。透景是利用完全透空的框架所框出的特定范围而形成的景致。但它与框景又有些不同，框景有边框和景致两个元素，而透景则没有边框这个构成元素，只要能透过一种设置见到另一边的景致即可称为透景。

添景

在园林造景时，为了增加景致的层次感与丰富性，特别是在缺乏近景的时候，常常要在主要观赏点的前方或旁边添置一些花木、小石或盆景之类的小品，以造成景致空间的深度感，同时又能使观者眼前的画面更为完整，这样的小品景观就是添景。

夹景

夹景是中国园林造景中比较别致的一种手法，它主要是表现园林中空间狭长的景致，或是说它是特意设计制造出一种狭长的景色带。夹景常常是利用树木、建筑、岩石等，将视线两侧的贫乏或无趣的景物遮掩、封闭起来，以形成狭长的空间，产生一种强烈的透视性，突出视线端点的景物或景观，又能增加景观的深远感，产生一种连绵曲折的趣味。

藏景

中国古典园林讲究幽深曲折、曲径通幽，追求无尽意的效果，使用藏景手法即可实现这一目的。即将欲展示的景观或景色有意地隐藏起来，前部或外部用山、石、墙或树木等加以遮挡，当人转过这些遮挡物之后，眼前会突现一处"美妙不凡"的景观，让人眼睛一亮，让人愿意长久地流连品味。这比将景色直接摆在人的眼前效果要好得多。藏景在某些时候即可看作是障景。

动观对景

动观对景是指人们在游赏时，边走边能欣赏到的对景。动观的对景多设在路口或是转弯处，对景设置要求简单而有趣味，让人在行走中也能很快地对它们产生吸引力。同时，这种设在路口的对景，往往可以作为几条路的对景，因为它处于路口，通常是几条路的交叉点，可谓一举数得，一个设计形成一个具有多景意味的对景。动观的景物能步移景异者为最佳。

静观对景

静观对景多是指建筑物附近的附属景观，当人们在游园累了坐下休息时，眼前依然有景可赏。如果游人坐息处没有自然景观可赏，那么需要人为设计景观置于近处、眼前。可以安排小水池或一些雕塑小品、花坛之类。这种景物设置利于游人静观细品。

透景

夹景

添景

藏景

动观对景

静观对景

漏景

漏景

在园林中，景观的设计者常常会特意设置一些漏明墙、漏窗，在漏明墙、漏窗的内外营造一些景观，游人可以通过漏明墙、漏窗观赏这些景观，这种通过漏明墙、漏窗摄取景观的造景手法就称为漏景。如果园林中林木生长得较为疏朗，也可以起到漏明墙、漏窗的作用，也能形成秀美的漏景。漏景是通过小型的洞、缝隙等取景，和隔景的概念区别在于隔景强调"隔"，而漏景强调的是构筑物背后景色的"漏出"。

景点

景点

景点就是园林中可供欣赏的景观单元，这些单元景观能吸引游人驻足停留，着意观赏。景点并不是造景手法，而是园林设计时需要考虑的要素。园林中的景点要能得到游人的潜心观赏和喜爱，即使自然景观元素，也必然要经过人工的设置与安排，所以景点也暗含着造景。

景深

景深

景深就是园林景致的深度和层次。一座园林中景致的深度与层次的设计，需要考虑的范围相对要大一些，比如漏景可以只针对一处景观，而景深则必须要考虑多处景观，因为没有多处景观也就谈不上所谓的深度和层次，所以景深在造景中更为复杂一些，需要设计者对园林景致作一个相对全面的考虑。

叠山掇峰

叠山掇峰是园林造景的一大类。中国自然景观中的名山胜景非常多，其中著名的就有五岳，即东岳泰山、西岳华山、北岳恒山、南岳衡山、中岳嵩山，以及具有四大佛教名山之称的峨眉山、九华山、普陀山、五台山，更有"此山归来不看岳"的黄山。而作为以追求自然景观为胜的园林，山、峰当然是绝不可少的要素，所以叠山掇峰也就成为园林造景的重中之重了。

叠山掇峰

叠山

叠山就是在园林中仿自然山峰进行的人工造山，叠山可以用土、石、土石混合材料堆叠成山，各依园林风格、园主喜好、现有材料等条件来定。不同材料堆叠而成的山景各有特色，相同材料堆叠而成的山景也会因造园家的设计不同而呈现不同的美感。

叠山

叠石

叠山的材料可以多种多样，而叠石所用材料只能是石，或是以石堆叠成山、成峰，或是以一石独立，各依园林景观配置的需要或是石本身的特色而定。较难以一石成景的石便被用来组合堆叠成山、峰。假如一石尺寸较大、极具欣赏价值的则可以独置，如苏州留园的冠云峰即是一极妙的独立石峰。

叠石

对景

对景是为了在人们游园时减少视觉寂寞感而设的景物，多安排在游人视线所及的正前方。对景大多是人为设置，但也有借助自然景观而成的对景。对景多不是园林的主要景观，但是作为园林景致的点缀与陪衬，却是不可缺少的。对景有静观与动观两种。

4 芭蕉

芭蕉是著名的绿色观赏植物，它以赏叶为主，大而长的绿色芭蕉叶有如长形的扇子。有别于一般园林花木，而自现一种特色与韵味。静立时如娴静的淑女，风吹动时又生出万种柔媚风情。

5 桌凳

中国古典园林中，总是在很多地方特意地设置有小桌小凳，有露天的，也有置于建筑内的，可供游园人休息之用，观赏美景走累了便可以坐下稍作休息，并且在休息的时候依然可以观赏园景。有些桌凳还可以作为读书、弹琴、对弈之处。图中凉亭内即有人在桌前对坐下棋。

1 凉亭

亭子是中国古典园林中最为常见的一种建筑，宜赏宜游，宜亡宜坐。本图中的这座亭子，四面开敞，亭檐只以几个圆柱支撑，是所谓的"凉亭"。这样的小凉亭在炎炎的夏日里，更适合人们乘凉赏荷，若有微风袭来更是令人心旷神怡。

3 拱桥

桥是重要的水上建筑，造型各异，是园林中不可缺少的点景建筑之一。特别是拱桥，桥面突起，有如卧虹，形态俊秀可爱。园林中的桥可以作为观赏对象，也是重要的连通池岸的建筑，水上有了桥，人们欣赏景观的线路便多了一条。同时，桥还可以起到隔断水面的作用，让过于开阔的水面显得丰富有致。

2 双亭对景

对景是园林重要的景观处理手法，对景的对象可以是树木花草，也可以是亭台楼阁。图中这座远处的小亭即是近处凉亭的对景建筑。两亭造型上相差不远，建造者也都开敞。两亭相对建在池水两岸，此亭中可见彼亭，彼亭中可赏此亭，遥相呼应，互为对景。

6 荷花

荷花是花中君子，深为人们爱戴，中国古典园林中多有种植，或是满池，或是池之一角，或集或散，飘着几片绿荷，间有几朵粉花。荷花更是夏季之花，每当炎热的夏季来临，池中碧圆的青叶间便生出朵朵粉红娇艳的荷花来，令人爱怜。夏日傍晚，临池而立，微风吹拂间，阵阵幽然的荷香沁人心脾。

叠石十字诀

叠石十字诀

叠石十字诀就是叠石的十个小诀窍，十种具体的叠石方法，可使石的形态更为优美，更具可观赏性。叠石十字诀的具体方法有安、连、接、斗、挎、拼、悬、剑、卡、垂，据说这是北京叠山名手、被称为"山石张"的张蔚庭祖传口述叠石法。

散置

散置

散置又称为"散点"，是散放于庭院、路旁、桥头、坡脚、水边的小组叠石。散置要求所选山石适当，能更好地衬托主景与周围环境，使环境景观更显优美、雅致。

特置

特置

特置山石在江南也称"立峰"，北方也有"横峰"一说，都是使用单块石料特别置于一处，形成一个特别的景观，以突出石本身的特点与作用为主。作为特置的石料，其石形本身要富于变化，姿态美，体量大，或者是具有一定的特殊意义。也有部分使用多块山石组合的特置峰。

对置

对置

对置是将山石相互对着放置，以形成对应的景观，看起来均衡、舒适。对置山石多沿轴线两侧对应布置，并且大多放置在园林入口处或庭前。

群置

群置是相对于散置而言，因而又有"大散点"之称。它是将数十块山石聚成堆，设计成组群布置形式，以突出山石整体的美感为主，而不刻意表现其中的一块山石。

群置

剑

剑

在园林中，石有横、有竖、有斜，纹理也各有变化。其中，直立的石，如石笋等，石形高直，石纹也多为竖纹，即以竖、直、硬为特色，置于吸引游人欣赏之处，这样的石被称为"剑"，意谓石形有如细而长直的坚硬宝剑。

土石混合山

在中国的古典园林中，假山的材料有石、有土，但全石和全土的假山数量都不若土、石混合的假山数量多、效果好。在自然界中，想找到适宜掇山的石料实属不易，且价格不菲。因此，掇山时，采用土来堆高山体、扩大尺度就很经济。现在也有用钢筋水泥材料先做掇石前铺垫的。土、石混合堆叠的假山具有更好的稳定性，同时又兼具全石山的刚硬和全土山的柔软风格。在土、石混合的假山中，又有石多土少和石少土多之别，这两者中又以石多土少者更为常见。

1 土石生草

假山以石形、石态、石质取胜。土石山是有土有石的山，山石之间有了土的黏合，土中能生出小草野花，使之富有了更多的自然之气。而暴露其上的假山石则突显了奇石之美。

2 山洞

中国古典园林中的山石峰峦大多为人工堆叠。园林景观追求的是自然的味道，所以为了使叠山带有更多的真实情趣，常常在大型的山石间叠砌洞窟，以制造出真山林曲折幽深的意味来。

3　松

松形挺拔，松质坚硬，松极耐寒，松以"不凡"的品格为古典造园人和园林主人所喜爱，所以古园中多有种植。特别是假山之旁，植以松木，松之挺拔与山之刚硬相得益彰。

4　独立石峰

不论是多么大型的叠山，都要在其上暴露一块块独立的峰石。一些尺度较大比较独立突出块石，可以丰富山体外观的形象，让人在观赏时，视觉上产生兴奋点。

5　山上小亭

亭类建筑可以建于任何地方，特别是水边和山石之上。小小的亭子，与山石产生自然与人工、观赏与休憩的对比，丰富了假山的情趣性。

6　水

园林要制造自然山水的意味，必得有山有水，中国古典园林中多在叠山近处，挖池蓄水，以形成山水相依之景。水更可以倒映山石，缥缈自然。

掇山

掇山是在园林中设计、堆叠大的假山山峰，它需要大量的石料。使用掇山手法堆叠而成的假山，具有一定的山形变化，而不像一般的小型置石、孤峰那样突显石的形态。同时，在掇山中还辟有道路，游人可以登临上山，借以观景，所以掇山既是园林一景，又是园林中的观景处，正所谓"可观可游"。

假山

人工设计堆造的山石和山石景观称为假山，这是与自然界的真山相对而言的。在中国古典园林中，除了一些大型的皇家园林中有真山之外，大部分园林中的山都是假山，经过了人的再创造。假山使用的是真石、真土，只是经过人为的组合或摆放而已，它是一种带有自然特点的艺术作品。

石山

石山是人工设计堆叠的园林山景的一种，全部是由石材料叠砌而成。在园林中，全石山的山体一般都较小。

土山

土山是使用生土材料堆砌而成的假山。土多作为一座假山的基础和体量部分，而极少有完完全全的土假山，因为假山的功能不仅是需要体量，还需要美观，有观赏性，因此在土山外表置石很常见。苏州拙政园雪香云蔚亭的西北角假山即是土堆假山。

掇山

假山

石山

土山

峡谷

峡谷

峡谷或称谷，是园林中的"奇妙景观"之一。由山石堆叠的假山山体中留有空档，以形成沟谷。沟谷的尺度要大于人。谷壁要陡峭笔直，以突其险，才能较好地显出峡谷的气势与形象。苏州的环秀山庄山石峡谷是中国园林中峡谷的杰出实例。

石室

石室

在一些园林的假山之中，会有一两个石洞设置于假山的山腹中，石洞内摆放着石桌、石凳，园主人可以在此避暑、乘凉，更可以在这里与友人对弈、闲聊，气氛清幽，这就是园林石室。常见的假山石室就设在地面的水平高度，石室除出入口外，还往往设有窗洞，以便通风。

屏峰

屏峰

屏峰是园林峰石的一种，是具有遮挡屏蔽作用的峰石，能遮挡游人的部分视线，也可以起到一定的分隔景区的作用。屏峰可以是一块峰石，也可以数峰组合，因为要起到一定的屏蔽功能，所以要求其体量略微大一些。典型的屏峰例子有颐和园的"青芝岫"、中山公园的"青云片"。有时屏峰也是一种特别的园林山石景观，在假山的入口处起屏风一样的作用，怡园的屏风三叠即是这样一峰奇石。

点峰

点峰也就是独立的石峰，是园林中常见的一种景观置石方法。一般来说，能作为点峰的峰石大多形体优美，使人产生欣赏的欲望。苏州留园的冠云峰、瑞云峰、岫云峰，苏州五峰园的五峰石等，都是点峰的代表。这样的点峰大多作为园林的主题或主景，是园林的亮点，地位很突出。

点峰

引峰

引峰是具有引导作用的峰石，能给游园的人以引导，指引游人进入另一个新景区或游赏另一个新景观。所以，引峰的设置要讲究位置，往往是在门洞内外、花窗内外或是交叉路口。引峰作为具有引导作用的峰石，在指引游人方向的同时，其本身也是一个非常美的景观。引峰之所以能起到引导游人的作用，实际上与它本身的视觉吸引力是分不开的，只有峰石能将游人吸引过来观赏，才能实现其后的引导作用。

引峰

补峰

补峰

补峰是作为园林景观补充的峰石或石峰，它的布置比较灵活自由，可以布置在大型假山边以起到表现"假山无尽意"的作用，也可以布置在廊、墙边以增加廊、墙的观赏性，或是置于花木之下以使整体景观更有画意。当然，补峰的布置虽然自由，但是要达到理想的效果，需要花费一定的心思。比如，在树下置石时，梅树下的石宜"古"，松树下的石宜"拙"，而竹下的石宜"瘦"。树石相映，更若天成。

拼

拼是叠石方法之一，当可以设置峰石的空间比较大，而峰石材料本身较小，单独安置显得零碎时，就要将数块峰石掇成一块大石，以形成更为理想的峰石形态。这样的掇石方法即为拼。

拼

接

接

接是叠石方法之一，南方也称为"叠"，也是将小而碎的数块石头叠成一整块大石。接是一种横向的叠石方法。采用接的方法叠成的峰石，比较讲究元素之间的主次关系与排列秩序，同时还要注意叠石整体形象的曲折性与美感。

叠

虽然南方称"接"为"叠"，实际上接与叠还是有所差别的。接一般是将数块石料略呈横向拼接，而叠则是将数块石料呈竖向拼接，也就是说叠后的峰石是向高处发展的。只不过，在"叠"这种方法中，又因石块横、竖置放方向的不同，而有横叠和竖叠之分，其中各石块呈竖向而立者称竖叠，各石块呈横向而卧向上堆加者称横叠，但整体向高处发展的趋势不变。

叠

盖

盖

在石料的拼接组合中，置于下面的石窄、上面的石宽，或是置于下面的石竖立、上面的石横卧的组合模式，都称为"盖"。也就是说，上面的宽石或横卧石像一个盖子，盖在了下面的石块上，所以这种叠石法称为"盖"。

竖

在叠石中，将长形的石站立置放的形式称为竖。竖置的山石大多是独石独峰，石本身的视觉形象较为突出，特点能较好地显示出来。而在山石组合中，不能过多地使用竖置，以防破坏整体山势。

竖

挑

挑

在堆山叠石时，将山石伸出山体或石块组合的大形体之外者，称为挑。采用挑的方法叠石，石的组合或山体更有趣味，更显参差、玲珑与奇险，似在不经意而做，实则精心所为。

飘

扣

飘

在叠石时，如果于挑出之石的出挑部分之上再置石，而这块石料又呈横长纹理形象，这种叠石的手法就称为飘。如果这块置石不呈横长纹理变化，这样的叠石就不能称为飘，而只是一般的挑头石。

扣

扣是叠石方法之一，是指利用石头的凹凸而相拼接的置石形式，因石面上下所置的不同，扣又有正扣和反扣之别。正扣是石的宽大一面向上、窄小一面向下的拼叠造型法；而反扣则是石的宽大一面向下、窄小一面向上的拼叠造型法。

卡

挂

卡

叠石时，在两块较大的石块之间，常常需要夹一块小石以达到整体的稳定性与完整性，这种两块大石之间夹一块小石的方法，就称为卡。其实，使用卡这种叠石法更是为了山石整体的玲珑多姿，如果在叠石组合至顶部时，只用两块大石简单地相拼相连，必然给人沉重而死板之感，如若在两大石之间夹一小石，其灵巧、精致之意便自然呈现。

挂

挂在叠石方法中，应归于卡之内，这种组合模式实际上就是卡的处理方法的一种，而它不同于一般的卡的地方在于，作为挂的山石，其下垂部分比较突出，有如山洞顶部悬挂的钟乳石，其实它表现得也恰恰就是人造钟乳石的形象。

收

收

山石在堆叠时，从立面上看，如果山石的整体形象在某一立面处逐渐向内缩进呈凹形，则称为收。

出

出

出与收相反。在堆叠山石时，从立面上看，如果山石在某处逐渐向外突出，则称为出。

斗

斗

在叠石时，将两石相对而立，并且让两块石的上部相连相靠，石体相对的一面下部都有所收缩，并在下部形成一个空洞形式，这样靠连的两石相叠法称为斗。采用斗法对叠的两石可以作为山洞的入口。

架

架

在叠石时，将两石相对而立，如果两石不能稳固相接，则可在两石顶部置一长条石，使相对而立的两石通过上面的置石自然地联系起来，这种方法就叫作架。如果相对而立的两石块形体较高的话，架法叠石也可以作为山洞的入口来使用，稳而不俗。

撑

撑就是在叠石中使用一些较小的石块作为支撑的方法，小石块多支撑于较险或较大的高处石块之下，以保证叠石整体的稳定性。撑在北方又叫作戗。有了这样的撑石、戗石，不但稳定了石体，而且还往往能使石体上产生一处孔洞，为叠石增加了一处"漏、透"之美。

错

刹

刹主要是起稳定山石的作用。园林山石呈现的是玲珑多姿之美，所以不论是单体峰石，还是组合山石，其表面多是凹凸不平的，这必然给堆叠带来一定的困难，因此为了增强叠石的稳定性，往往要在石与石的相搭接处垫置较为结实的小石料，这种小石料就称为刹。刹在叠石中虽然不是形成主要外观形象的因素，但却是不可缺少的一分子。刹的使用也要讲究技法，而刹石技法也是山石营造的工艺手段之一。

悬

撑

错

错就是让石料不要在某个面上对齐排列，而让石块从排列方式上错开拼叠，从石头之间的相互关系上看，或左右，或上下，或前后，错开设置，以求高低错落、顾盼生姿，产生灵动、轻盈、变化之美。叠石堆山追求的就是自然美感，错落有致才生意盎然。

刹

悬

悬也是叠石所用的技法之一，与挂法基本相同。即在两峰或多峰山石组成的洞口之间，放进一块上大下小的石块，使之正悬于峰石相夹的洞口处。

连

连就是在叠石中使用起连接作用的石块。这种用于连的石块一般是较大型的石块，并且多用于高大的山石之上，除了作为连接之外，更能造成险势，使山石更具险峻之美，使游者观之惊叹、称奇。扬州个园黄石山就有这样的连石景观，两山夹道呈一线，石壁如削，近顶部架设一横向长条石，险峻有如天堑。

2 枫

枫是秋天之树，叶子每到秋天即红，火红的色彩让人觉得热烈。扬州个园有四座大型假山，分别以春、夏、秋、冬作为主题。在秋山中种植枫树，与主题契合。而枫叶的红色与秋山山石的暖色调也色彩吻合。

1 立向叠石

为了取得理想的假山视觉效果，园林设计者往往煞费苦心，想出很多的叠石方法。其中将不同的石块立向叠砌即是一种，如本图中的这峰叠石，由三块高、宽相差不多的石头立向堆叠成为一块形体挺拔俊秀的直立石峰，石的韵味一下子得以提升。

5 连石

在叠石中堆出洞穴，必然要利用多块山石，相互拱依，形成空洞。但是洞穴的出入口需要有好的视觉形象，用一块体形相对长的条石横卧其上，一架一连即成一洞门。

3　二层叠石

园林叠山堆石讲究的就是奇特，越是与众不同越令人关注，本图中这座假山即通过石上叠石、洞上添洞的形式，营造出了与众不同的山形体态，令人印象深刻。

4　建筑

假山之上设置建筑，使建筑的位置有了一定的高度。而人们登临假山时，其上的建筑也为游人提供了一处休憩和观景的场所。

6　石室

石室外观是一简单的洞口，而里面却是蜿蜒曲折，并多随山势而上下的通道，或是明不通而暗通，或是大不通而小通。有些是空洞，有些则是设置石桌石凳，石室内部空间皆因石、因地、因景，甚至因设计者巧思而变。

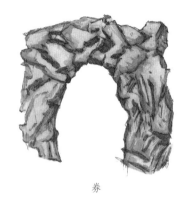

券

拖

环

券

券是叠石方法之一，使用券法叠成的山石形态非常漂亮。所谓券也就是将山石拼叠成拱形，有如建拱桥那样，拼叠后的券形线条优美、柔顺，又不失石质原有的坚硬之态。券法叠石多用于山洞的封顶，其实也就是叠一个拱形的山洞门。

拖

拖是叠石堆山的方法之一，凡是山石在主体之外还进行延续造型的，不论是向前、向后、向旁，还是向下，都称为拖。拖其实就是山石堆叠的尾音，是余韵。

环

环是叠石方法之一，从造型上来看，环界于斗和券之间。它也是两石相对而立，石体上部微微靠近，之间横架一石，石块略呈上拱的弧形。这样的叠石组合多用十表现石洞形态，显得空透、轻盈。

理水和水体

自然风景之中有无数的江、河、湖、海，乃至溪涧、瀑布，这些就是自然之水。中国古典园林追求的是自然山水形态，有了山自然也少不了水，山水相依才其至纯至美的自然情态。相对于园林的叠石堆山，园林中的水也需要精心地设计与疏理，这种对水的设计与疏理便称为理水。理水是对自然之水形态的模仿，更是对自然之水内在精神的塑造。

理水和水体

理水

理水是对园林水的疏理，如水面大小、水面形态、水中植物、水面倒影的设计，水中游鱼的选择与饲养，还有水源的处理，理水还包括水与水岸、水与山、水与建筑、水与花木等的联系与关系的处理与设计。如苏州园林大多是以水池为中心，池岸堆叠山石，建筑围池而建，花木植于建筑、山石之间。而皇家园林中的颐和园、北海等则以一山一岛为中心，水围绕着山岛。

理水

水体

水体就是水的形式，如湖、池、河、溪、瀑、潭、泉等。水体是园林理水的重要部分，一般是按自然形态开凿设置，有些还是直接利用自然之水作为园林水体。因为经过了一定的梳理与设计，水体与园林景观相互映衬，更富有美感与艺术性、欣赏性。

水体

湖

湖

湖是较大面积的水体，在园林中能出现湖水景观的，一般都是大型的皇家园林或是景观园林，私家园林因为面积较小，所以不可能在园内辟湖。园林中的湖内可以置岛，岛上可以植树栽花，形成优美的湖山相依的园林景观。同时，游人还可于湖中荡舟，与湖水更贴近，又能在舟中领略园林景致与风采，别有味道。

池

池相对于湖来说，面积要小，哪怕是一个小院落，也可以开凿一个小水池，所以，池在面积不大的私家园林中较为常见。在苏州的古典私家园林中，大多开凿有池，池中蓄水以养鱼、植荷，池水可以映岸柳、照建筑，增强园林的游赏性。

池

瀑布

瀑布

瀑布是从山壁上或河床突然降落的地方流下的水，远看有如白练，是非常优美的自然水体景观。有些崖壁宽阔，瀑布成片而下，非常壮观。园林中可以设置人工瀑布，虽气势不能与自然界中的瀑布相比，但是给园林增添了"动"与"声"的效果。

泉

泉是指从地下流出来的水，因为泉的幽、泉的美，令人喜爱向往，所以在很多园林中，都有模仿自然界的泉水的景观。园林泉水因为设计的不同，有涌泉、滴泉、喷泉等区别。像济南的趵突泉公园直接利用天然泉水作为景观。

泉

溪

溪是曲折而小的带形水体，美而纯净，淡而自然。园林溪水为了追求自然溪水的效果，往往着意将之设计成曲折回旋的形式。或者用树木把水体加以掩映，以造成曲折幽深、时断时续的效果。

溪

涧

涧是深山峡谷中流水的沟壑，因此，涧与山崖峭壁密不可分。在园林中布置涧，要先有崖，壁间崖下流淌溪水，以成涧之景观。

涧

池岸

池岸

在园林中，池岸的处理具有使用和观赏两项功能。池大多是人工挖掘，池岸较易塌毁，所以池岸的加固便成为造园的一部分。即使是利用自然池水，池岸也应加固，为了临池游赏的方便与安全，池岸自然要进行加固。当然，对池岸的加固，更要考虑到美感与欣赏性，因为池岸是园林景观的重要组成部分。

驳岸

驳岸

保护河岸，阻止河岸崩塌或被冲刷的构筑物为驳岸，是保护园林水体的设施。驳岸有自然式山石型、植被缓坡型，也有上伸下收、平挑高悬的码头型。

倒影

倒影

倒影是真实物体的影子，但又可以成为园林的一种景观。倒影本身是不能人为设计的，但如何产生倒影，能产生什么样的倒影，在一定程度上又可以通过人为设计所得。倒影能显出别样美感与韵味，"青林垂影，绿水为文"，在静止的水面边，利用好观看倒影的位置，多设观看点，就是对倒影的最大利用。

池面布置

池面布置

园林要处处显现美，必然要处处精心设计、巧心安排，作为园林主要景观的池水自然也不例外。池水除了水形、水态、水面倒影等之外，其设计安排还应涉及池面布置。池面布置具体包括池岸的花木、湖石等点缀，以及池中养殖的鱼虾和种植的莲花，还有于池面上架设的桥梁、建的亭阁等。

小聚

园林中的水体若面积比较小，则宜聚不宜分，称为小聚。如果没有设计，水面会显得过于平板、无趣。要在小聚的水面上达到幽胜、多姿的目的就需要临水叠置崖壁、山涧、山洞等，加上树木、建筑的掩映，幽然静默的效果自然呈现。而水面依然是一个完整、开阔、呈势的水面。

小聚

留活口

为了保持园林中的水长久清澈，需要有使之流动不止的活水，将活水的源头进行适当的掩盖，可以产生源头深远、幽曲、无尽意的味道。但这种掩盖并不是将源头封死，而是留有空隙，所以称为留活口。

留活口

大分

大分是理水的重要手段之一。当园林中的水面比较辽阔时，容易给人空旷、单调之感。为了打破这种单调感，园林中的大水面往往用堤、岛、桥、廊等加以分隔，形成若干不同的水面与景区，这样能丰富水面景观，也不会影响水面的辽阔感，也可以避免形象单调的缺点。杭州西湖即是大分水面的最佳代表，苏堤和白堤将湖面分为大小不同的五块，在面积最大的外湖中又设置三岛，完整统一又丰富多变。

2 我心相印亭

三潭印月中的我心相印亭位于南端，取意佛家禅语："彼此意会，不必言说。"亭由几株柳树掩映。说是亭，其实是一座似墙又似敞厅的歇山顶建筑，整体造型和细部都别出心裁。亭子临水而筑，坐于亭内可凭栏观赏水面景致。

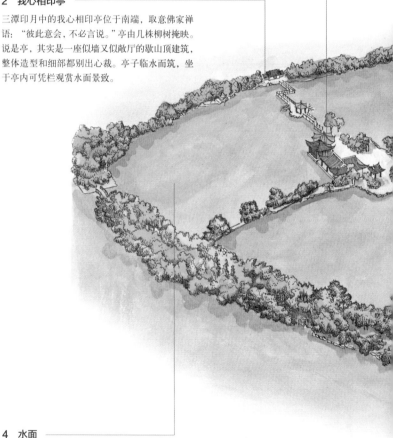

4 水面

经过堤、桥的分割，三潭印月的水面被分成了四块，四块水面与堤、桥结合，正呈一个"田"字形，内分散、外闭合，统一又丰富。

5 闲放台

闲放台是清代道光年间的兵部尚书彭玉麟的退省处，图中建筑是闲放台的小厅，楠木建造，四面通透、歇山轻盈。整体造型轻巧灵活，虚实相间。

1 轩厅

在十字交叉点上建造一系列建筑，形成一个大的建筑群，让原本就是焦点的中心部分更显突出。这里采用的是亭、厅、轩相结合的方式，多座建筑相连又临水，设计效果非常之巧妙。

3 堤

三潭印月的水面大分主要是通过堤桥来实现的，其中南北向为桥，而东西向即为堤。堤为土堤，虽然没有白堤、苏堤的气势与名气，但也是一道吸引人的赏游之景。堤下植柳树，栽芙蓉，形成自然清新的湖堤之景。

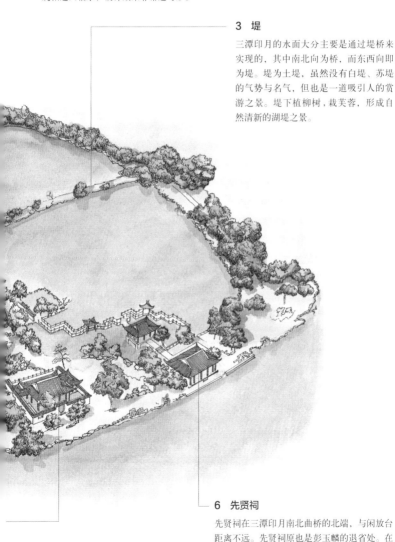

6 先贤祠

先贤祠在三潭印月南北曲桥的北端，与闲放台距离不远。先贤祠原也是彭玉麟的退省处。在辛亥革命后成为纪念明末清初四贤之处，所以改称先贤祠。现其敞轩檐下悬有"小瀛洲"匾额，表明这里是杭州西湖三岛之一的小瀛洲。

寄畅园八音涧

堤与岛

堤

寄畅园八音涧

无锡寄畅园八音涧处于园子的中部偏西北位置,是一处山石堆成的山涧峡谷,长达40多米,叠石造景非常之妙,幽、奇、险、深、曲、色色俱佳,是中国古典园林同类景观中的佼佼者。人若徜徉于谷涧之中,可听见淙淙泉水声,有如天籁之音,悦耳动人,使人心灵澄澈,可见设计者的创意是将音乐与园林之水景相互融合于一处了。

堤与岛

堤、岛是园林中的两种设置,即堤坝和小岛。无论是堤坝还是小岛都有分割与丰富园林景观的作用,尤其是在分割园景方面表现得更为突出。堤、岛对于园景的分割都是借着水来实现的,也就是说,堤与岛都是水中的设置。而且堤、岛都是在大型园林中出现的设置,例如部分皇家园林和景观园林,因为园内水面广阔,所以设置堤、岛可以避免水面的单调。

堤

堤是园林中的跨水堤坝,多用土、石材料堆筑而成,可以拦水、防水,更可分割景区,丰富园林景观,一般都用在水面较大的园林中。在园林的水中置堤,属于园林理水的重要工程之一,它与水有着密不可分的联系。

矶

矶是突出于水面的石头，更准确地说，是水岸边伸出的、临于水面上的石头。矶多为较扁平的石头，并且大多是成组平铺于岸边，人们可以登矶拂水或临矶观鱼。

矶

岛

岛是被水包围的面积相对较小的陆地，或者说岛是水中的山。在园林中，一般只要是水面有突出的小土丘、小山峰之类，统称为岛。小型园林中的岛较少，即使有也大多是使用几峰湖石之类稍加堆叠后置于水中而已。而大型园林中的岛就比较多了，除了部分是利用的自然山岛之外，大型园林中为了区分水面、丰富水景，还常常于水中置岛，以期更加美化园林。同时，也有"海上仙山"的喻义。

岛

避暑山庄芝径云堤

芝径云堤是承德避暑山庄湖区中的一条长堤，是避暑山庄中的"康熙三十六景"之一。芝径云堤在避暑山庄湖区中连着湖内的三座主要岛屿，即如意洲岛、月色江声岛、环碧岛，总体构成一池三山的园池布置形式。一堤三岛相合有如一株灵芝，而堤就是灵芝的茎，所以称为芝径云堤。

避暑山庄芝径云堤

颐和园西堤

颐和园西堤位于颐和园昆明湖上，从方位上看它处在颐和园万寿山的西南部，斜跨于湖面上。堤长数里，堤上建有界湖桥、练桥、镜桥、玉带桥、柳桥、豳风桥六座小桥。这条长堤的设置以及设置后的作用，都极似杭州西湖上的苏堤，分割了大的水面，丰富了景观，明显带有借鉴之意。当然，这是一次很成功的借鉴。

避暑山庄金山岛

金山岛在如意洲岛的东面、月色江声岛的北面，是避暑山庄湖区各岛中较为引人注目的一座岛屿，也是一座极富趣味、极具湖山真意的岛屿。楼阁高耸、树木掩映、倒影垂波，美妙之极。岛上建有避暑山庄湖区最高的建筑上帝阁。上帝阁是金山岛上的主体建筑，也是避暑山庄湖区的代表建筑。

避暑山庄青莲岛

在如意洲岛的北面，以曲桥连着一座秀丽的小岛，名为青莲岛，是避暑山庄湖区比较闻名的岛屿之一。青莲岛上的主体建筑是一座二层的小楼，名为烟雨楼，是仿照浙江嘉兴南湖的烟雨楼而建，形体稳重、色调华美，而又不失精巧、玲珑与清秀之风。楼体四面隔扇，上层更有四面回廊、栏杆，便于凭栏观景。

避暑山庄月色江声岛

月色江声岛是避暑山庄湖区的三大岛之一，位于湖区的上湖和下湖之间。月色江声岛上也建有众多建筑，并且大体按四合院式布局，其中主要的建筑景观有：月色江声、静寄山房、莹心堂、峡琴轩、湖山罨画、冷香亭等。

颐和园西堤

避暑山庄青莲岛

避暑山庄金山岛

避暑山庄月色江声岛

避暑山庄如意洲岛

如意洲岛是避暑山庄湖区内最大的岛屿，因为形状似如意而得名。如意洲岛作为一处园林重要景观，它不仅像自然山岛那样有树木、山石，富有野趣，而且岛上建有众多的建筑，以供游园者赏玩，可同时作为景观与观景之地。岛上的主要建筑是居于岛中部的一组三进院落的宫殿，坐北朝南，由前至后的殿堂有：无暑清凉、延薰山馆、水芳岩秀。

1 青莲岛

在避暑山庄如意洲岛的北面，紧挨着有一座小岛名为青莲岛，岛上主要建筑就是一座烟雨楼。青莲岛虽然不大，岛上建筑也不多，但却是山庄内重要一景，因为这座烟雨楼是依照嘉兴南湖岛上的烟雨楼而建，是避暑山庄的主要建筑之一。

4 观莲所

观莲所在无暑清凉门殿的西南部，面临湖水，可以观赏到水中荷花，所以称为观莲所。建筑面阔三开间。康熙题联："能解三庚暑，还生六月秋。"

5 延薰山馆

延薰山馆是如意洲主体建筑群的正殿，在水芳岩秀的前面、无暑清凉门殿的后面，居中而坐。建筑名馆实为殿，殿的面阔七开间，前带五间抱厦。殿额为康熙皇帝所题。

2　水芳岩秀

水芳岩秀是如意洲岛上主体建筑群中的最后一座大殿，是康熙三十六景之一。大殿面阔七开间，前后皆带有抱厦，前部抱厦五间，后部抱厦三间，整体气势比较宏大。因为临近清澈湖水，所以取"水清则芳，山静则秀"为殿名。

3　清晖亭

避暑山庄如意洲岛上东面近水处有一座小亭，正对着金山岛，此亭名为清晖亭。它是一座单檐攒尖顶的方亭，初建于康熙年间，后毁而重建。亭名"清晖"取自谢灵运诗句"昏旦变气候，山水含清晖。"这里的景致清旷绝尘，环境幽然舒适，又有四季花草四时常开，引人流连忘返。

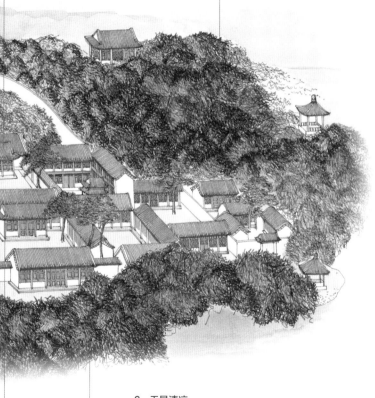

6　无暑清凉

无暑清凉是殿也是门，所以称为门殿，是如意洲主体建筑群的第一座建筑，面阔五开间，前带廊。因这里绿树成荫，夏日里更有凉风习习，环境舒适，所以康熙题为"无暑清凉"。

颐和园南湖岛

古代帝王苑囿是模仿传说中的海上神山而布局的一池三山形式，颐和园也基本借用了这种形式，昆明湖上即有南湖岛、藻鉴堂、治镜阁三座岛屿。三岛中以南湖岛地位最为突出，也是如今保存最好者。岛形近似圆形，岛上建有月波楼、望蟾阁等建筑。岛以十七孔桥与东岸相连，水、岸、岛自然形成一体。

1 鉴远堂

南湖岛上的建筑群可分为东、西两条轴线。鉴远堂位于南湖岛西轴线的最南端，临水而建，是南湖岛上观赏昆明湖水的最佳点。鉴远堂面阔五开间，单檐卷棚歇山顶。

5 广润灵雨祠

广润灵雨祠也就是俗称的龙王庙，是为祭祀龙王爷而建。这处建筑在明代时即有，乾隆皇帝疏浚昆明湖时将之保留，并成为祭祀求雨之所。广润灵雨祠之名因宋朝真宗而来，真宗将西海龙王封为广润王，所以乾隆将这处建在有西海之称的昆明湖的龙王庙称为广润灵雨祠。

2 澹会轩

澹会轩在鉴远堂的北面，与鉴远堂同处一条轴线上。澹会轩面阔五
开间，单檐卷棚硬山顶，前后带廊，体量较大。"澹会"之名的由来，
意思是指这里是动静各物、各妙景会聚之地，有水有情有轩榭。

3 月波楼

月波楼是澹会轩后面的一座两层楼阁，它是西轴线建筑的最后一
座。建在地面相对开敞的平地上，始建于清代乾隆十五年（公元
1750 年）。楼体上下两层皆为五开间，并且上下均带走廊，配朱
红圆柱与隔扇门窗，上檐下额枋还绘有雅致的苏式彩画，典雅庄重。

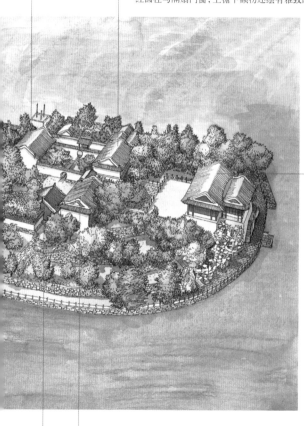

4 涵虚堂

涵虚堂是南湖岛上的
主体建筑，也是南湖
岛上最大的一座单体
建筑，居于岛的最北
端。堂的面阔五开间，
单檐卷棚歇山顶，前
带三间卷棚抱厦，四
面回廊，高耸叠石假
山之上。涵虚堂址上
原建三层的望蟾阁，
后因南湖岛基础下沉
影响到阁的安全，于
嘉庆年间改建为一层
的涵虚堂。

6 云香阁

云香阁在广润灵雨祠北面，与月波楼相对，
体量上也与月波楼相仿，也是两层的楼阁。
并且云香阁与月波楼就像两个护卫忠诚地
守卫着居中的涵虚堂。

杭州西湖三潭印月

杭州西湖三潭印月

三潭印月是西湖十景之一，也称小瀛洲，它是西湖三岛之一，也是三岛中最大的一个岛。三潭印月岛为湖中有岛、岛中又有湖的形式，整个岛接近方形，东西贯有长堤，南北架有曲桥。堤、桥将岛分割为四个小湖面，就如一个田字。小湖的四面堤岸上或建有大小亭台，或是植有绿树红花，景致优美、动人。

各色山石

各色山石

山石是园林非常重要的设置与景观，无论是私家园林、皇家园林，还是景观园林、寺观园林，都会或多或少地置有山石。园林山石的类别与品种非常多，有大型或小型的假山，也有石群和孤峰。山石大小不同，山形、石态各异，山石的品种、材料也很丰富，黄石、湖石、宣石等都有。

石峰

石峰

石峰是园林峰石的一种，可以是独立的峰石，也可以是两三块峰石组合叠砌而成的拼峰。主要特点是独立、没有依傍，所以对峰石本身的形态要求比较高，要能较好地体现出瘦、透、漏、皱之美，以达到自成一视觉景观的目的。

石笋

石笋

石笋是园林峰石的一种，它的形状有如竹笋或利剑，形体细长，所以得名石笋。石笋的特点就是细长、尖利，所以想要最突出表现出这种特点，就要将之立置。同时，为了与周围景观或景色相互映衬，石笋多置于粉墙前或是竹林中，或是几枝青竹与石笋混合栽置，同立于粉墙前。

湖石

湖石

湖石一般指的是太湖石，因产于太湖洞庭山而得名，是中国古典园林中使用最多的石类。湖石的石质坚而脆，敲击能发出清脆的声音。湖石的色泽主要有白、清黑、淡黑青等几种。湖石的纹理纵横遍布，有显有隐。尤其是湖石上面多有玲珑剔透的大小孔穴，是因水流的冲击而形成，是湖石最大的特点，也是湖石最为人喜爱与关注的美感所在，湖石也因此有所谓瘦、透、漏、皱之美，并逐渐成为评定美湖石的标准。

黄石

黄石

黄石也是中国古典园林中较常使用的一种山石，它是一种呈黄色或暗红色或褐黄色的细沙岩，质地非常坚硬，要想敲开它最好沿着纹理进行。黄石的形体棱角分明，纹理古拙，质感浑厚，风格与湖石又自不同。不过，黄石作为独立石峰，其美态不如湖石，而作为叠山石时则能产生较强烈的投影效果，所以在园林叠石堆山造景中，黄石大多作为假山的堆叠材料而较少作为独立石峰。

宣石

宣石

宣石因为产于安徽省的宣城（古称宣州）而得名。宣石的色泽洁白，在形态、风格上也与常见的湖石、黄石等有较大的不同，极具自己的特色，因而也颇受各代造园家的喜爱。宣石大多用于南方园林，尤其是扬州园林中最为常见，这恰与南方建筑素雅洁净的特色相互融合呼应。洁白的宣石倚于粉墙之下，远望有如石上积雪一般，具有很强的造景作用。

灵璧石

灵璧石因产于安徽省的灵璧县而得名。灵璧石是极好的园林盆景用石，也可以作为叠山石料。石色中灰或是黝黑光亮，又较为清润，石的质地脆，表面多皱折，弹之有清音，如钟磬，非常名贵。明文震亨在《长物志》中说：“石以灵璧为上，英石次之，然二品种甚贵，购之颇艰，大者尤不易得，高逾数尺，便属奇品。”

灵璧石

花石

花石

花石与其他石类相比，它所指的并不完全是石的材料，而主要是指一种特称，也就是北宋时的皇家园林艮岳中的遗物。其实它也是一种太湖石，在当时被称为花石。在北京北海琼华岛上就有这样的花石，如，楞伽窟及附近山石。

昆仑石

昆仑石

在北京北海南坡的引胜亭和涤霭亭的北侧，即楞伽窟的前方有两块特别的山石，一为岳云石，一为昆仑石，据说是北宋艮岳所用的遗物。图中这块洁白的石头即为昆仑石，石面上刻有"昆仑"二字，另有御制诗三首，都是清代乾隆皇帝所为。

沧浪亭真山林

沧浪亭真山林

沧浪亭真山林是苏州沧浪亭园内的主景山，它是一座土石假山，山石错落交叠，姿态各异，有些石上因有天然洞穴而玲珑有致，具有佳石的瘦、劲、透之美。石或相依，或倚树，或独立，尽显各自特色与美杰。石间有花草、树木，俱生机勃勃，让山石更生一份自然野趣。这堆山石耸立门内，又有茂盛的树木掩映，使游人在门外完全不能详见园内景观，起到障景的作用。

留园岫云峰

留园岫云峰

岫云峰是苏州留园独立峰石之一，置于冠云峰的右后侧，石高5米多，比冠云峰略矮。其石形石态也是秀美多姿，仅次冠云峰。春季时，峰石之上更有青藤、绿萝缠绕，别有奇趣。

留园冠云峰

留园冠云峰

冠云峰是苏州留园内的一座独立石峰，也是一块美名远扬的太湖石，石高6米多，亭亭玉立，兼具佳湖石应有的全部的美，瘦、漏、透、皱，秀丽又雄伟，挺拔又多姿。冠云峰之佳之美居留园诸石之冠，可说是江南园林峰石之"冠"。园主为了尽情展示与突出冠云峰的美，特别为它专门建造了一处院落，以冠云峰为院落的中心与主景，四面建亭、楼、台、廊相衬、相围绕。

留园瑞云峰

留园瑞云峰

瑞云峰是苏州留园独立峰石之一，立于冠云峰的左后侧，与岫云峰左右相对，共同护拥着冠云峰，并呈三足鼎立之势，各现美态，各具丰姿。瑞云峰高4米多，比冠云峰和岫云峰矮小一些，但俏丽依然。

个园春山

个园春山

扬州个园山石最著名的是"春""夏""秋""冬"四季山。其中的春山即是表现春之寓意的山石景观，这处景观主要由石笋和修竹组成，石笋有如未长成的竹子，正挺立向上，修竹青青，显得春意盎然，整体设计非常符合"春"的主题。

个园夏山

个园夏山

在个园宜雨轩的西北，绿树青杨掩映之下有一座太湖石假山，湖石色泽青灰，石形秀美多变，这就是夏山。夏山湖石的设计、堆叠的脉络，在整体气韵上给人爽快、热烈的感觉，加上强调夏日特点的植被，突出了"夏"的主题。

个园秋山

个园秋山

个园四季山景，各有为人称道之处，但在四山中又以秋山的尺度宏大，更具气势，它在四山中属于高潮。秋山是用黄石堆叠而成，气势磅礴，并配有青松、翠柏、丹枫等植物。在浓绿的松柏映照下，黄石的特色更为彰显，而丹枫热烈的红则显现出浓浓的秋意。如果说春山表现的是生气、夏山表现的是俊逸，那么秋山则表现的是刚劲、峻拔与"泼辣"。

个园冬山

个园冬山

个园冬山使用的是宣石，宣石又称雪石，石头的纹理上露出白雪一般的色泽，所以作为冬山的用石就正合适。这里有三面粉墙，宣石依墙而置成山，山石依靠的墙壁上还留有一个个的小圆洞，被称作风音洞，冬日里白雪飘落石上，更显出石的洁白纯净来，石后风音洞中寒风呜呜而响，倍添冬季萧瑟与凄冷。同时，这也让冬山景观有声有色。

网师园云岗

网师园云岗

云岗是苏州网师园内的一座假山，位于彩霞池南。山以黄石堆叠，是一座典型的石构假山。因为山由黄石叠筑，石形石态适宜游人走上去看对面开阔的水池，加上玲珑的小桥相衬，所以山体虽然不大，但却浑厚雄健，风姿古朴。

狮子林小赤壁

狮子林小赤壁

苏州狮子林是江南名园，以假山洞壑最具特色，也因假山而最为知名。假山规模宏大，其中在中央湖石假山的南端，有一座拱桥状的黄石假山，造型优美，风格雅致，被称为小赤壁。山体模仿天然石壁与溶洞而叠，古朴自然、苍劲有力，体量不大但极有气势。石壁上挂有藤萝蔓草，倍显生机。

寄畅园美人石

寄畅园美人石

无锡寄畅园美人石又称介如峰，是一峰单置的太湖石，石高3米多，体态修长，纤腰如束，亭亭玉立有如一位临池孤芳自赏的古代仕女，所以被称为美人石，是园林石峰中难得一见的佳例。

寄畅园九狮台

无锡寄畅园九狮台又称九狮峰，在含贞斋前，是一处大型湖石山峰，山形陡峭，尤其是北端更如悬崖，加之此地为全园的制高点，所以九狮台更显雄伟险峻。九狮台峰石有如大小不同、姿态各异的狮子，或是对天张口，或是伏地侧目，或是身姿摆动，或是相互戏闹，其生动多姿，显示出设计者的巧妙心思，令人赞叹。

寄畅园九狮台

颐和园青芝岫

北京颐和园青芝岫是一峰著名的园林石峰，据说最初是宋代极为钟爱美石的米芾发现，但后来因为托运此石招致败家，所以此石便被称为败家石。后来被同样爱石的乾隆皇帝发现，将之收藏，现置于颐和园乐寿堂庭院内，因为其石清润、多姿，又状如灵芝，所以取名青芝岫。青芝岫是一独立峰，也是中国古典园林中最大的盆景石。

颐和园青芝岫

御花园堆秀山

园林花木

花圃

御花园堆秀山

北京故宫御花园的堆秀山是一处独具风格的假山，同时也是一处颇具意韵的山泉景观，石峰参差，石山高耸，石间有细泉轻流，至山脚处被设计成一喷泉景观。山的主体为湖石堆叠而成，而湖石上间或又立置有高低不同的石笋，有如石上真的长了竹笋一般。山体内又有洞穴，洞内穹顶还雕有精美蟠龙藻井。石山的题额"堆秀""云根"都是乾隆皇帝御笔。为了便于赏月观景，又特别在山顶建亭一座。亭借山威，山借亭势，高耸峻拔，宛如一体。

园林花木

花木虽然只是园林的点缀，但却是绝不可少的设置。山水是园林设计的主体，是园林的主要景观，没有山水也就谈不上园林，但是山水必得有花木映衬，才会更富有生机，更具自然之态。因为"山水"这两个字就隐含着山水和花木。中国北方园林因为地理和气候等原因，相对而言，在花木种类上不如江南园林繁多。江南园林花木以传统的观赏性植物居多，并且多以"古""雅""奇""美"为追求。

花圃

花圃就是种植花草树木的园子，在中国古典园林中，为了设计出别样的景观或是集中设置一处花木景观，往往多会单独建设一个花圃，专为种植花木。这里不作任何他物的陪衬，而是单独成景。一般来说，能单独种植在花圃中的花木不是名贵珍奇，就是形象奇特，达到吸引游人的目的。

花台

花台

相对花圃来说，花台只是一种小型的花木集中栽植处，多是先堆砌一座土台，土台四面砌砖或堆石加固，皇家园林中的花台大多用琉璃围栏加固，台上种植花木。一般来说，花台在大面积种植花木之外，还往往会设置一两座小型石峰，使景观更丰富，以增加其趣味性与欣赏性。

竹

竹

竹子生长快，又不择阴阳，而且大多四季常青，所以园林中常常种有竹子。还有更重要的一点是，竹子在中国古代一直被看作是君子，有节、长青、耐寒，与松、梅并称岁寒三友，因而备受人们喜爱，让不少文人墨客作诗称赞。竹子在园林中的堂前、屋后、墙根、池畔，都可以种植，或直、或斜、或倚，各具情态。园林竹子的种类主要有斑竹、紫竹、慈孝竹、寿星竹、金镶玉竹等。

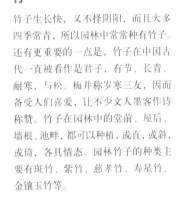

松

松

松树也是中国古典园林中常见的树种之一，尤其是在寺观园林和皇家园林中。松树的种类很多，大多都是常绿乔木，不畏严寒，并且树形多高大挺拔。正因为松树具有不畏严寒、四季常青的特质，树形又高大，所以被古人看作是一种精神象征。同时它还常和鹤或梅、竹一起被绘入画中，组成松鹤延年、岁寒三友等吉祥图案。

柏

柏

柏树是一种常绿乔木，与松树有较相近的特点与特性。并且柏树也多见于皇家园林和寺观园林，在小型的私家园林中较为少见。

梅

梅

梅指梅花也指梅树，是一种落叶小乔木，不论是其树还是其花，都非常具有观赏性，梅树枝干遒劲，梅花清香幽雅。梅树是落叶乔木，性耐寒，梅花是冬令之花，是严寒第一花，所以古诗中有："墙角数枝梅，凌寒独自开""宝剑锋从磨砺出，梅花香自苦寒来"等句。中国古典园林不论大小，园中多植有梅，很多还专辟场院植梅，称梅院、梅苑、梅所等，其中的主要建筑也通常以梅命名，如，冷香阁、问梅阁、暗香疏影楼、梅亭、雪香云蔚亭等。

柳

柳

柳树是一种落叶乔木或灌木，枝条柔韧而狭长，所以有柳丝之说。柳树最适宜植于水岸，"河边杨柳百丈枝，别有长条踠地垂""依依弱态愁青女，袅袅柔情恋碧波。"柳树枝干倾斜向水面，枝条随风拂水，优美宛若少女临水照颜。在著名皇家园林颐和园中，其昆明湖岸边就种植有很多柳树，隔柳观水，隔柳望山，情境自是不同。

枫

枫

枫树是落叶乔木，叶大而近圆形，有如红心。枫树最妙处在于秋季时其叶会变成红色，并且是火红明丽，让人爱恋。"停车坐爱枫林晚，霜叶红于二月花"，这也就是枫树的观赏性所在。

梧桐

梧桐是一种落叶乔木，叶子呈宽卵形、卵形、三角状卵形，或卵状椭圆形。梧桐生长较快，寿命较长，能活百年以上。是园林中极为常见的树木，也是古代诗人词家颇为喜爱吟咏的对象，"梧桐更兼细雨，到黄昏点点滴滴""梧桐树，三更雨，不道离情正苦"，梧桐细雨是妙而能动人心魄的景观。

梧桐

牡丹

牡丹

牡丹花朵大而硕，为多年生落叶小灌木花色有红、白、紫、绿等多种，形象高贵、色彩艳丽，被称为花中之王，国色天香，是著名的观赏植物，历来为人们所喜爱。牡丹的高贵艳丽，又象征着富贵，具有美好、吉祥的寓意，所以更是得到了无数人的喜爱。在园林中栽种牡丹是极常见的，有的园林更特意砌花台专种牡丹，或是辟牡丹园。

海棠

石榴

石榴为落叶乔木或灌木是园林中常见的花木，夏季开花。花色多为橙红色，红得似火，非常艳丽，对于喜爱红色的中国人来说特别喜庆。另外也有部分黄色或白色的石榴花，比较少见。石榴花有些可以结果，有些不能，如若结果的话则是结近似球形的果实，秋季成熟，里面密布着红色的石榴籽。石榴花是富有观赏性的花卉，而石榴子可食，同时石榴子因为多所以有"多子多福"的吉祥寓意。

玉兰

海棠

海棠是落叶乔木，蔷薇科。叶子相对小些而花朵较大一些，春季开花，花在未放时为深红色，开放后为淡红色，非常艳丽动人，园林中经常种植。海棠花朵多簇生，五瓣花，有单瓣和复瓣之分。花瓣形状圆润，简单却很漂亮，所以它的形象还往往被作为园林铺地图案、建筑窗棂格图案或是漏窗的窗形等。

石榴

玉兰

玉兰通称白玉兰，是木兰科落叶乔木。早春开花，花朵大而洁白，并有芳香，是极好的观赏植物与花卉。玉兰主要产于中国的中部和中部偏北地区，因此，玉兰在中国北方或中部地区园林中较为常见。

荷花

荷花也称莲花，属于睡莲目多年生水生草本花卉。大多是近似圆形的绿叶，多瓣的粉色或白色花朵，无论花、叶俱发幽香，历来为人喜爱，尤其是文人最爱。荷有出淤泥而不染的特性，被誉为高洁品质的象征。宋代周敦颐即有著名的赞荷诗文《爱莲说》："出淤泥而不染，濯清涟而不妖，中通外直，不蔓不枝，香远益清，亭亭净植，可远观而不可亵玩焉。""莲，花之君子者也。"园林水面植荷，幽雅、静妙。

荷花

芍药

芍药也是一种著名的观赏花卉，属于多年生草本花卉。芍药无论在花期、花形、花色上都与牡丹非常相似。因此，在园林中也常有种植。扬州瘦西湖的玲珑花界中就有芍药，每年花开时节，各色芍药争奇斗艳，梨花雪、御衣黄、紫雁夺珠等，或浓或淡，美态宛若仙子。欧阳修曾有诗赞芍药："琼花芍药世无伦，偶不题诗便怨人。曾向无双亭下醉，自知不负广陵春。"

芍药

菊

菊花性耐霜，多年生草本植物，秋季开花。菊与梅、兰、竹被喻为花中四君子，具有高洁的品质。晋代著名文学家陶渊明独爱菊，喜爱"采菊东篱下，悠然见南山"的隐逸生活。后世文人雅士也多爱菊。加之菊花本身也极具观赏性，花的品类繁多，花色各异，或艳丽，或淡雅，各具风情。因而园林中多有种植。

菊

桃花

桃花

桃花属于蔷薇科桃属植物，为落叶小乔木。多在阳春三月开放，桃花大多为粉红色，鲜嫩艳丽，"满树和娇烂漫红，万枝丹彩灼春融"，也有一部分为白色，洁白纯净。桃花多的地方被称为"桃花源"，而桃花源又是人们理想中的世外仙境，陶渊明即有《桃花源记》一文，流传千古。此外，更有很多画家表现过桃花或桃花源景象。园林中也多种植有桃树。

紫藤

紫藤属豆科、紫藤属，是一种落叶攀缘缠绕性大藤本植物。春季开花，蝶形花冠，青紫色。紫藤属于藤蔓类植物，需要依附花架、墙壁或山石等而生长，因为它性喜攀缘援，生长形态不受约束，所以可用于园林中作为填补空白的景观，并且它能很好地增加园林景观的生气。苏州拙政园即有一株传说是文徵明手植的紫藤，已成为园中一处极具吸引力的独立景观。

紫藤

葡萄

葡萄

葡萄是葡萄属藤蔓类植物，种植后必须为它搭建花架以供其攀缘生长。葡萄的枝干曲折多姿，叶子为掌状，果实圆形或椭圆形。在园林中种植葡萄，既可以作为观赏植物，也是作为遮日蔽荫的花架，果实还是食用佳品。

爬山虎

爬山虎

爬山虎是高攀落叶藤本植物，卷须前端有吸盘，可以攀缘得很高，而且生长盛期面积可以发展得很大，这是葡萄、紫藤等其他藤蔓植物所不及的。因此，爬山虎一般都植于高大的建筑物旁或山石旁，能将建筑的墙壁和山石完全覆盖，形成大面积的绿色景观。爬山虎在中国各地多有种植，在园林中所植的大多是依附于假山。

芭蕉

芭蕉

芭蕉是多年生草本植物，假茎绿或黄绿色，高者能达6米，表面略被有白粉。茎上叶片长而圆，叶片长者能达到3米，叶上脉络众多，有如伞状。芭蕉虽然也有花、果，但都不是很突出，而以叶最显，所以它是很典型的观叶植物。园林中植芭蕉也以赏叶为主。在环境清幽的小园林中，若逢雨天，雨滴轻落芭蕉之上，听赏这样的雨打芭蕉声，让人心喜，也让人不由产生一种忧伤情思。

桂花

桂花为常绿阔叶乔木，又名木樨、金粟，为秋季之花，"天风寂寂吹古香，清露泠泠湿秋圃。"桂花最为人称道之处是它的香味。梅花之香为暗香，荷花之香为幽香，茉莉之香为清香，而桂花之香则为浓香，芳香馥郁，浓烈甘甜，"一枝犹桂馥，十步有兰香"，因有"天香"之誉。桂花不但香，而且色也美，园林多有种植，更有以花为名的建筑，如，苏州留园的闻木樨香轩、网师园的小山丛桂轩。

郁金香

郁金香属于百合科花卉，多年生草本植物。叶全由根底生出，呈长针形状。花茎也由根生出，状细长，每茎一花立于顶部。郁金香花春天开放，花朵较大，花色有白、黄、红、紫等多种，异常美丽，是极好的观赏花卉，因而在中国各地，尤其是园林中广为栽培。

睡莲

睡莲是多年水生草本植物，也是与荷花相仿的一种水生植物，也是很好的园林观赏花卉。睡莲在形态上与一般的荷花最大的不同是，花、叶全部浮于水面而不是由茎支撑于空中，并且叶面有缺口，因而叶形近似马蹄。睡莲亦称子午莲，秋季开花，并且多午后开放，傍晚闭合。

丁香

丁香为落叶灌木或小乔木，绿叶长椭圆形，对生，夏季开花，即为丁香花。丁香花大多为紫色，也有一些洁净的白色，花序呈聚伞状，远观小而细密，令人爱怜。丁香花自有一种幽然异香，深为吸引人，所以在园林中多有种植，既可赏其形又可闻其味。

桂花

郁金香

睡莲

丁香

迎春花

迎春花

迎春花是落叶灌木，因为春天开花，花色黄而艳丽，所以得名"迎春"。迎春花花朵小而多呈五瓣形，为人所赏的不是每朵小花，而是它的整支或整丛花，聚集一处，娇艳逼人。同时，迎春花的枝条成弯曲近于抛物线状，非常柔美，也是它的观赏点之一。

绣球花

绣球花

绣球花为虎耳草科绣球属植物，又名粉团、八仙花，它是花如其名，有如绣球，好似粉团，每一大朵花有数十上百朵小花聚集而成，并且有如一个球状。花色粉紫，娇嫩艳丽而又淡雅。绣球花是著名的观赏植物，在中国久有栽培。

第二章　园林的类别

园林的基本类型

中国古典园林数量众多，数不胜数。在中国的北方、南方、西部、东部各地区都有古典园林，可以说是遍布全国各地。但概括起来说，按照园林的类型来划分的话，其类别却不是那么多，主要有四类：皇家园林、私家园林、景观园林、寺观园林，这是中国古典园林最通用的分类法，即按照园林的隶属关系来划分，也就是以园林的主人的身份来分类。这四大类型基本囊括了中国古典园林的种类。

皇家园林

皇家园林就是古代帝王使用的宫苑类园林，由皇家出资修建，并仅供帝王与皇室成员游赏的园林。皇家园林在布局、规模、建筑、山水等方面，都表现出皇家林苑和皇家建筑的特色。皇家园林大多规模宏伟，面积辽阔，是私家园林绝对无法与之比拟的。同时，在建筑的色彩上，大多近于皇家宫殿建筑，比较辉煌华丽。最早的皇家园林出现在先秦时期。早期的皇家园林，主要是帝王打猎游乐的场所，因而占地面积巨大，并且不以建筑取胜，而是以自然景色和圈养动物为主，所以被称为"苑囿"。

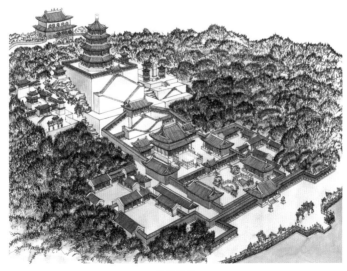

皇家园林

私家园林

私家园林是相对于皇家园林而言的。私家园林的出现比皇家园林要晚一些，约在西汉时期，不过，西汉时期的私家园林，建置大体上是对当时的皇家园林的模仿。而真正的私家园林的出现，则在魏晋南北朝时期。这一时期著名的私家园林有石崇金谷园、顾辟疆园、戴颙园等。宋代是私家园林发展的第一个高峰，产生了很多名园，如，董氏西园、东园、环溪园、湖园、归仁园、独乐园等。这些园林既能依地制宜，各具特点，同时又能聚水拢山，山水俱胜，花木也成为园中盛景，所以，此时的园林又有"园池""园圃"之称。私家园林的发展，大体上以隋、唐为成熟期，而以宋为第一个高潮，以明、清为第二个高潮。

5 翠竹

中国古典园林追求自然之美，也追求文人的高雅情趣，被喻为君子的竹自然为园主人钟爱，所以园中多植有竹，或依墙伴廊，或靠亭倚石，姿态柔中带着挺拔。

6 厅

建筑是作为人造园林不可缺少的因素，私家园林要求可观、可游、可赏、可居，所以建筑便成为重要设置，除了亭台轩榭之外，厅堂更是一个小园的主要建筑。

1 亭廊

在中国古典园林中，特别是江南私家小园林内，往往云墙隔断，亭廊相连，本图中此亭即是依附于廊墙之上的一座半亭，因为亭子是六角亭的一半，所以比一般方形的半亭造型更优美。

2 拱桥

在略呈狭长形的池面上，架设一座小桥，可以连通两岸，更可以缓解水狭而产生的过长之感，加上小桥略上拱的造型，美而不俗。

3 池岸

园林作为常常赏游之地，人来人往，所以池岸都砌置得比较稳固，大多以石为岸沿，安全性高。而且大多是使用参差错落的湖石等叠砌，既稳固又富有变化，倍显自然山水之趣。

4 曲桥

园林中池水之上有拱桥，也有平桥，并且在私家园林中以平桥居多。平桥的桥身做成两段以上的曲折，称为曲桥，实用性与观赏性皆具。

景观园林

景观园林是在自然形成的山水景观的基础上，适度地进行人工开发的园林。它是略具园林意韵而能更好地保持自然山水本色的一类园林，不同于皇家园林的规整、雕琢，也不同于私家园林的灵巧、独立、封闭。所以，它也被称作"公共游赏园林"或"自然园林"。景观园林和皇家园林、私家园林的最大区别，就是其自然景观，但景观园林又区别于自然风景名胜。自然风景名胜是没有经过人工开发的优美的自然风景地带，景观园林则因适度的人工开发而具有了园林的意韵。中国著名的景观园林主要有杭州西湖、绍兴东湖、扬州瘦西湖、南京玄武湖、济南大明湖等。

1 桥洞

水上架桥，桥身下留出桥洞，桥洞的功能首先为通流水，大者还可以通船只，而在园林中，桥洞同时又是一种凌水照映的景观，特别是半圆形的拱桥洞，与水中倒影结合之后，看起来有如一轮满月，虚实相合，美妙不可言。

5 湖面

景观园林的湖面大多较为开阔，园景以水为主，所以于湖面建桥相隔，辟岛为景，使之不至过于开敞乏味。

2 桥亭

桥上建亭是园林桥的一个重要
类型，它既有桥的功能又有亭的
作用，可以通行，可以隔断水面，
可以休息，可以赏景，也可以作
为景点。五亭相依的扬州瘦西湖
五亭桥是桥亭的典型实例。

3 松木

园林追求自然山水景致，越自然越不着人工痕迹
越为人称道。图中大面积的松木山林景致，打破
了人工园林与自然山川的界限，使园林与自然天
地融为一体，突出地体现了景观园林的特征。

4 凫庄

凫庄是扬州瘦西湖中的重要一景，位于五亭桥的东面，
是湖中的一座面积仅一亩（666.7m²）的小岛。因为
整体形象有如野鸭游于水面，所以称为凫庄。凫庄内
的亭、廊、水榭都临水而建，参差不同，并且体态都
较小巧。建筑后有绿荫，前有水映，气氛清爽。

寺观园林

寺观园林就是寺庙、道观等宗教建筑群中的园林。佛教通常被认为于东汉时期传入中国，而寺观园林则是随着寺观建筑的发展而出现，它的大量产生与魏晋南北朝时期佛教的繁荣发展有很大关系。寺观园林的发展是因为佛教寺院经济的发展带动寺观的营造，也因为寺观建筑在功能上也需要一些幽静的空间以利于僧道的修身养性，因此，大多寺观建筑都选在深山幽谷中营建，气氛清幽、宁静，环境自然、清新。本就是天然美景所在地，因此，将寺院之中的某一区域稍加整理、设计，即形成优美的小园林。

4 药师殿

药师殿是供奉药师佛的殿堂，殿体比前部两座大殿略小，显示出其略次的地位。药师殿匾额为"香云常住"。

1 山门

有的寺观园林是附属于寺观的小园，而有的就是整个寺庙为一大园，云居寺即是整个寺庙为一大园。寺庙的第一座建筑为山门殿，同时也是天王殿，山门之内即是园区。

3　大雄宝殿

大雄宝殿也称释迦殿，殿内主供释迦佛像。大殿匾、联分别是："奢窟香林"和"石洞别开清静地，经函常护吉祥云。"大雄宝殿是几乎所有佛教寺庙中必建的一座殿堂，并且是主体殿堂。

5　塔

在寺观园林、皇家园林及一些景观园林中，除了殿阁、楼台、亭等之外，还建置有塔，尤其是在寺观园林中塔是最常见的，而且寺庙中的塔大多是舍利塔和墓塔。

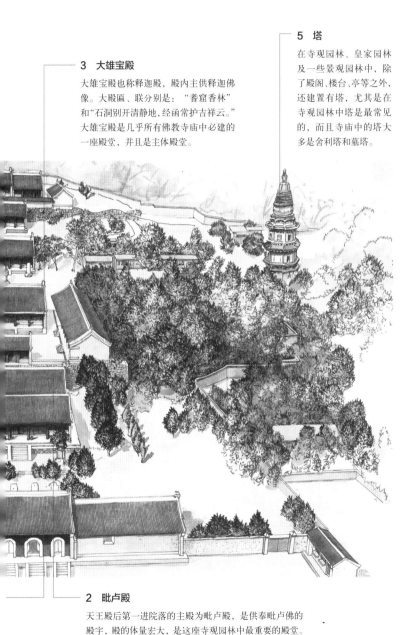

2　毗卢殿

天王殿后第一进院落的主殿为毗卢殿，是供奉毗卢佛的殿宇，殿的体量宏大，是这座寺观园林中最重要的殿堂。大殿檐下悬有"慧海智珠"匾额，殿内所供毗卢佛像两侧悬有对联："林外钟声开宿月，阶前幡影漾清辉。"

不同时期的园林

园林的原形是商、周时期的"囿"，就是在一定的地域内，让天然的草木、禽兽滋生繁衍，加上人工挖池，整土筑台，供贵族狩猎和游乐。秦汉的宫苑是在圈定的区域内囿和宫室的综合体。大量的建筑与自然山水相结合，包括了天然滋生的植物和禽鸟百兽，继承了囿的传统。汉代出现了私家园林。魏晋南北朝时期的宫苑、佛寺丛林和自然山水园是当时的园林。自然山水园纯粹模仿自然山林景色。"隋唐宋宫苑"与"唐宋写意山水园"为当时的特点。唐代私家园林也较为兴盛。中国古典园林发展顶峰是"元明清建筑山水宫苑"和江南私家园林。

秦代园林

秦代私家园林还基本没有发展，所以秦代园林主要指的是秦代的皇家园林。秦代的皇家园林主要是秦始皇时扩建的先王的咸阳宫，以及秦始皇增建的六国宫，还有后来增建的阿房宫等，阿房宫建在秦代未来统一六国时即已营建的上林苑中。秦代这些宫苑的规模宏大、气势磅礴，史无前例。据文献记载，在秦代短短的十五年历史中，所营建的大小离宫别馆，仅在当时的都城咸阳附近即有百余处之多。不过，秦代的这些园林如今都早已不在，它们的情况只能从部分文字记载中了解，它们的形象也只是后代画家凭自己的想象而创造的视觉图像。

秦代园林

汉代园林

汉代统治的时间长达400年，因此，汉代的园林发展比秦代更加繁盛。尤其是在西汉武帝时期，国家统一，经济发展，国力强盛，得以大力营建宫苑，新建有建章宫、未央宫等宫苑，还特别对秦代的上林苑进行了大肆扩建，使之成为汉代重要的皇家苑囿。汉代除了皇家园林外，私家园林也渐渐出现，这些私家园林主要是当时各地据守的藩王、领主所建，另有一些是富人所建，这其中比较著名的有梁孝王刘武的梁园、富人袁广汉的私园、高官梁冀的园圃等。

汉代园林

魏晋南北朝园林

魏晋南北朝园林

魏晋南北朝时期，人们的思想非常活跃，宗教也有长足的发展，尤其是玄学之风盛行。乱世中的人们，特别是文人、高士，多崇尚隐逸，往往将身心都赋予山水，隐居于山林之中。这些都对当时的园林及园林的发展产生了重要的影响。园林的经营渐渐追求自然山水的形与盛，以满足人的本性的需求和精神的享受为主。并且，造园的活动也不再仅仅局限于帝王和王侯、富甲，而是逐渐达于民间。园林内容更为丰富，并且出现了新的园林形式——寺观园林。这一时期也成为中国古典园林从追求园区面积到注意丰富园区文化内涵的一个发展转折点。

71

隋唐园林

隋唐园林

隋唐经济繁荣，国力昌盛，对外交流频繁，文化发达，因此，园林的发展比前朝各代更为进步、繁盛。帝王建有规模宏大的苑囿，达官贵族也建有不亚于皇家园林的私家宅园。特别是在开放、发达的唐代盛世时期，贵族生活奢侈，会客、宴饮、歌舞，往往都在宅园，动辄百人，因而园林都非常大。在皇家园林和贵族宅园之外，隋唐时还有一部分文人、雅士小园，文人、雅士大多满腹诗文，趣味高雅，审美情趣自是不同，因而他们所建的小园多极富文化内涵，雅致清新，充满诗意。例如王维的辋川别业、白居易的庐山草堂、杜甫的浣花溪草堂等。

宋代园林

宋代园林也包括皇家苑囿、私家园林两大主要类型，不过，与隋唐两代不同的是，宋代的文人园林空前发展，比前朝更盛，甚至影响到了皇家宫苑的设计与建筑。宋代山水文化繁荣，并且能诗善画者大多自己经营园林，因此，在园林中追求山水、自然之美，成为园林设计与经营的主要内容。大文豪苏舜钦就营建了著名的苏州沧浪亭，司马光则在洛阳建有独乐园。而北宋末期的徽宗赵佶，则是一位诗、书、画俱佳的帝王，当时著名的皇家园林——艮岳，就是徽宗时营建。作为著名景观园林的杭州西湖，其景观的开发与整理，也是在宋代时完成。

宋代园林

明清园林

明清园林

明清是中国古典园林的成熟期。这一时期的园林，除了对两宋的传承之外，也有一些显著的自身和时代特点。相对于宋代来说，明清的帝王集权统治更为严格，封建等级与礼法更为分明。因而，皇家园林的建筑规模比宋代趋于宏大，表现出辉煌的皇家气势，在园林的具体设计与建造上，更比前代成熟、完备。不过，明清的皇家园林也在很多方面吸收了私家园林的优点与特色，特别是在清初的时候，乾隆皇帝因为多次下江南巡视，颇爱江南小园，所以在当时的皇家园林中仿建有几处，如颐和园内的谐趣园即是仿照无锡寄畅园而建。明清时期的私家园林基本承袭宋代特点，依然以追求山水形、胜为主。但因为各地情况与条件的差异，私家园林的发展并不均衡，园林建造最突出者是江苏的苏州。

园林的地域性

园林的地域性也就是不同地区的园林表现出来的特色，中国地域广阔，各地气候多有差异，风俗民情也各自有别，建筑也都各具各的地方特点，所以园林在整体风格、园林中的单体建筑形式、园林中的其他配置，甚至是园林的规模、装饰手法等方面，都或多或少的有所不同。如，南方园林精巧，北方园林粗犷；南方园林中以苏州园林最盛、最具文人气质，其次是扬州；现存南方园林大多为私家园林，而北方园林中则以皇家园林最突出。

园林的地域性

73

苏州园林

苏州园林

苏州的历史悠久，并且文风鼎盛，经济繁华，除了本地文人、官僚等之外，很多外地仕宦、商贾也都来此集聚、定居，使原本就繁华的城市发展更为迅速。而苏州的园林也因此有了长足的发展。苏州因为仕、商汇聚，尤其是文人的汇聚而表现出浓郁的文化气息与文人特质。苏州园林大多为私家园林，有的文人即使自己不建园，也会为一些官僚、富商设计园林，例如著名的明代文学家与画家文徵明就曾参与拙政园的设计。苏州现存著名私园很多，拙政园、留园、网师园等更是其中的佼佼者。

扬州园林

扬州园林

扬州也是一座著名的城市，在明清时期，它的繁华尤胜于前朝各代。扬州园林的建造在明清时非常发达，特别是在清初时，扬州成为两淮食盐的集散地，众多大盐商汇聚，他们家财万贯，又不惜动用巨资来营宅、建园，大大地促进了扬州私家园林的发展。扬州园林最为突出的特点是以叠石取胜，不但有各地名石汇聚，而且很多文人与著名叠石家，如石涛、计成、张涟等，都常在扬州为人设计与建造私园，所以有"扬州以名园胜，名园以叠石胜"的说法。

岭南园林

岭南园林

岭南园林是位于岭南地区的园林。岭南地区是指处于大庾岭、越城岭、萌渚岭、骑田岭、都庞岭这五岭以南的一大片地区，主要包括广东、广西、福建、海南等地区。岭南靠山连海，境内地形复杂，气候相对炎热，雨水充沛，林木多而茂盛，四季常青，又有花、果不断，自然风光优美。岭南园林因地理与自然环境的影响，呈现出独有的风格与特色。首先就是自然美景启发了造园者，将之融入园林设计与建造中，使园林中的山水或多或少地带有真山水的意味，有很多园林更是直接利用真山真水，建在幽谷深山中的寺观园林尤其如此。

徽州园林

徽州是古地名，所辖地区包括当今安徽的歙县、黟县、祁门县、休宁县、绩溪县，以及现划归江西的婺源县。从今天的地理位置来看，徽州也就是安徽南部地区，所以也称为"皖南"。徽州园林也就是处于这个地区的园林，并且以村落园林为主。徽州文风鼎盛，歙砚、徽墨闻名全国，书画、雕刻也盛极一时，建筑精美而优雅，它们与徽州优美的自然景观相融相映，构成了独具风采的徽州园林。

徽州园林

北京园林

北京园林就是北京地区的园林，它属于北方园林的一支。北京园林的建造盛期，在元、明、清三代，因为元、明、清这三个统一的王朝都是以北京为国都，因此，北京成为当时的政治、经济与文化的中心。园林也同样伴随着经济文化的发展而繁荣起来。尤其是皇家园林的发展更为突出，现存几座重要的皇家园林几乎都在北京，颐和园、北海、景山，以及故宫中的御花园、乾隆花园，还有曾经辉煌无双的圆明园。相对来说，北京的私家园林并不突出，在设计、建造等方面，都无法和江南园林相提并论，所存数量也不是很多。

6 南海

南海是三海中最南面的一个，近北岸处有一座水中岛屿，名为瀛台，四面都临水，只是在北面有一道窄桥连接北岸的勤政殿。瀛台也是南海建筑最集中的地方，主要建筑有涵元殿、蓬莱阁、迎薰亭、藻韵楼、绮思楼等。

1　北海

北海也就是我们现在熟知的北海公园，它曾经是清代皇家西苑的三海之一，是三海中位置最北的一个。

3　琼华岛

琼华岛是北海的中心岛屿，代表园林两大因素之一——山水中的山。北海中的主要建筑多集中在琼华岛上。

2　白塔

北海白塔是北海的标志性建筑，建在北海中心岛琼华岛的岛顶中心，它是一座藏传佛教喇嘛塔，塔身洁白，呈覆钵形状。

5　勤政殿

勤政殿建在中海和南海的连接处的窄形平地上。勤政殿是中南海的正殿，面阔五开间，坐北朝南，勤政匾额为康熙皇帝亲题。清末时，勤政殿是光绪皇帝处理朝政的地方。

4　中海

中海在北海之南，水中没有岛屿，只是一片开阔的水面。中海的建筑景观主要在西岸，有清帝大宴功臣的紫光阁，还有光绪年间始建的仪鸾殿。仪鸾殿也就是今天的怀仁堂。在中海近东岸的水中建有一座水榭，名为水云榭，燕京八景之一的"太液秋风"就指的是这里。

台湾园林

台湾省是一个岛，从全国范围来说，它距离广东、福建两省最近，因而建筑受到两地的影响较为明显。台湾的园林也同样受到内地沿海省市园林风格的影响，园林的建筑材料和建筑工匠也多来自福建等地。因此，台湾园林是结合台湾地区文化与闽南等沿海地区造园特色的地方园林，不同的文化与风格相结合，形成了台湾园林自己的特色。它不同于江南园林的雅致、清新，也不同于北方园林的粗犷、厚重，而是华丽、细致又严谨。

1　海棠池

林家花园是现存台湾园林中最为著名的一座，本图中所绘是园中的一个非常可爱漂亮的小池，池形如海棠，所以名为海棠池，同时又像酒瓶，也称酒瓶池。造型非常别致。

5　半月桥

半月桥建在榕荫大池的中部，桥形呈半月形，所以称为半月桥。桥的两边连接石砌的实墙体，与岸相接。大池中有这样一座小桥，让池面变得不再空阔，而水也不断，仍是一个完整的水池。

6　凉亭

在半月桥的一侧桥头建有一座小方亭，单檐歇山顶，四面开敞，檐下只有四根柱子，人们可以在这里下棋、观景，夏季更可以在这里乘凉，是一座让人感觉很惬意的凉亭。

3 榕荫大池

林家花园最大的池水为榕荫大池，池水清冽。池形为不规则形，非常随意自然。池岸都用岩石砌筑，坚固结实，石岸上还砌有花砖栏杆。池边或种植树木，或堆叠山石，或建亭构屋，或是搭一段带洞门的墙体，丰富参差。

2 叠亭

园林中的亭子造型多种多样，有方、圆、六角、八角、单层、双层、单亭、双亭等区别，而如本图中这样的两亭相叠的造型却是极为少见。两亭一高一低，高亭亭檐搭在低亭亭檐之上，看似一亭又是两亭，若两亭实是一亭。

4 惜字亭

惜字亭的建造是古人珍惜文字的表现，古时人们对文字十分尊敬，凡是写过文字的纸哪怕已无用，也不乱丢，而是放在一个小炉中焚烧掉。林家花园惜字亭建在榕荫大池北部假山的前方，在池岸之上，亭体高三层。

3 瓶形洞门

园林景观讲求变化，大到叠山理水，小到一门洞窗眼，都能做出不同的形状。这是园林中墙上的洞门，形状是一个花瓶形，所以称为瓶形洞门，与月亮门洞一样是园林中常见的洞门形式。

1 云墙

云墙就是墙顶做成波浪形的墙，它比一般的平顶墙自然更富于观赏性，更有动感，更为美观。园林景观与建筑讲究的是艺术美与意境韵味，所以在造型上的要求是变化多，可谓千变万化。

2 长廊

长长的廊子就是一道风景带，也是观赏时的游览路线，不论是私家园林还是皇家园林，也不论是大园林还是小园林，一般都建有廊，或直或曲，或长或短，或是单面廊，或是双面廊，还有双层廊，各具形态。

7 什锦窗

园林墙体要隔而不断，才能造成别样的意趣，为了达到这种效果，往往在墙体上面开设各种窗子，以漏花窗和什锦窗为主。什锦窗就是窗形不同的各种窗子的汇聚。

4 隔墙

墙体具有围护作用，一般多设于园林的外围，但园子中间也有设墙体的，这是为了分隔园林空间，以形成不同的景区，同时又让游人不能一眼尽观全园景色，增加游赏的兴致。

江南园林

江南园林主要是指浙江省和江西省境内，以及安徽省、江苏省的南部地区的园林。江南地区经济发达，很多城市都有悠久的历史，明清时期其地区的发达冠绝全国，园林的发展在这一时期也达到鼎盛。与北方园林不同的是，北方比较著名的园林多是皇家苑囿，而江南园林主要是私家园林。江南园林大多小巧玲珑，面积不大，布局上比较灵活自由，建筑以粉墙黛瓦为特色，色彩淡雅洁净，总体风格秀丽、灵巧、自然、清新、雅致，又极富书卷气。

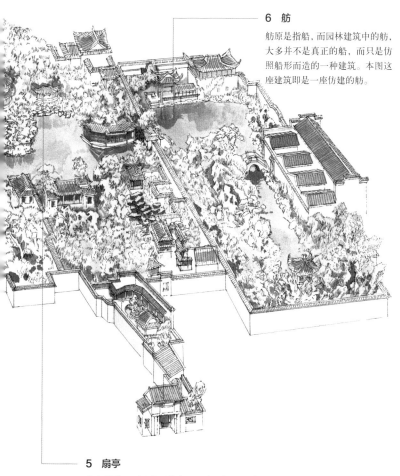

6　舫

舫原是指船，而园林建筑中的舫，大多并不是真正的船，而只是仿照船形而造的一种建筑。本图这座建筑即是一座仿建的舫。

5　扇亭

扇亭就是平面呈扇形的亭子，在见惯了攒尖顶的亭子之后，偶然看见一座扇形亭，让人倍感新奇。扇形亭的实例并不是很多，因而此亭更显特别。

北方园林

北方园林是以北京为中心区域的园林的总称。在北方园林的设计与建造中，人们爱叠砌高山，种植挺拔的大树，而极少有江南婉转的水流和玲珑的小石等小景，缺少秀丽、灵巧之气。除了出于人们的主观爱好而显示出的特色之外，更多的风格形成是受自然条件的影响。北方寒冷、干燥，花草的花期、树木的绿叶期都较短，因而园林中常绿树木较多，不如江南园林植物种类丰富。明清时期，帝王往往在当时的皇家园林中刻意追求江南小园的韵致，这带动了北方园林向南方园林的模仿风气，但是刻意而为总不如江南的得天独厚，总体风格依然保持着厚重、粗犷、雄健，如承德避暑山庄。

5 镜水云岑

镜水云岑是金山岛上的主体殿堂，建在上帝阁的西侧，大殿面阔五开间，单檐歇山卷棚顶，坐东朝西。匾额"镜水云岑"为康熙皇帝所拟所题，写出了这里水面如镜、轻雾缭绕的景象。

1　萍香泮

萍香泮是承德避暑山庄中一座临水而建的庭院，有临水殿三间，因为临近河水，可以清楚地感受到水中青萍的幽香，这也是这处建筑名称的由来。萍香泮院落中间有一座方形的小亭，题额正是"萍香泮"。

2　东船坞

在萍香泮旁边不远处有一座船坞，是当年停泊龙船的地方，名为东船坞。东船坞的上面是五间悬山顶的敞亭，下面是巨石砌成的水道。

3　香远益清

香远益清是热河南岸的一组庭院式建筑，共有左右两个院子。一院为前后殿组合形式，前殿五间，额为"香远益清"；后殿三间，额为"紫浮"。另一院为后殿前亭形式，亭为重檐，额为"曲水荷香"，后殿为带抱厦的"依绿斋"。可惜现仅存遗址。

4　上帝阁

上帝阁是避暑山庄金山岛上最引人注目的建筑，它是一座上下三层的楼阁，体量高大，平面六角形。它是供奉玉皇大帝和真武大帝的地方，所以称为"上帝阁"。

第三章　园林的建筑

厅堂轩馆

建筑是人们生活居住必不可少的设施,园林中的建筑具有居住使用与观赏的双重功能,因此更具有艺术性。园林中的建筑类型比一般的居住类建筑要丰富得多,亭、台、楼、阁、厅、堂、轩、榭、斋、馆、廊、桥、舫等,形态不同,大小各异。即使是相同的建筑,在不同的园林中,或是在同一园林中的不同位置,也是各有特色。同时,园林中的建筑还常与花木、山石、池水等结合,形成丰富的园林景观。厅堂是园林中的主体建筑,位于院内的中心地位,是人们活动的主要场所。厅堂前后某一侧常有临水的宽敞平台,或面对假山。轩馆也是厅堂,但位于园林次要部位,或位于小庭院中。

厅堂轩馆

扁作厅

扁作厅是江南园林厅堂的一种形式。建筑的进深分为轩、内四界、后双步三个部分。在轩之外还建有廊轩。扁作厅内四界,以及后双步的梁架用料,都是用剖面为高:厚 =2 ：1 比例的长方形的扁方料,所以称为扁作厅。扁作厅梁的上部采用拼高的方法,因此上部空间的视觉效果高敞,建筑气氛庄重。富裕之家的厅堂通常是扁作厅。

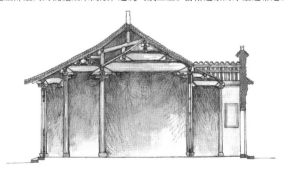

扁作厅

圆堂

圆堂

圆堂也是江南园林厅堂的一种形式。建筑的进深分为轩、内四界、后双步三个部分，但是轩的外面没有廊轩。圆堂的梁架使用断面为圆形的木料，因而视觉效果轻巧柔和，别具特色。在梁的原料底部使用挖底的做法，观者抬头看梁架时，会产生精巧和富有情趣的视觉效果。圆堂是小康之家厅堂梁架的做法。

厅

厅

厅作为园林的主体建筑之一，也有很多具体的形式，这从它不同的名称上就可以看出来，例如四面厅、花厅、鸳鸯厅等。《释名》上说："厅，所以听事也"，可见厅是理事之所，有别于卧室、书房等其他功用的房屋。通俗地说厅的功能主要是用来处理事务、家庭聚会、待客、宴饮等。厅的体量在所有园林建筑中相对较大、内部空间较为开敞，适合多人聚会，是园林中最重要的建筑类型。

堂

堂

堂与厅并没有本质的区别，所以我们常将厅堂连在一起称呼。如果一定要说出两者的区别，也有一点，即，使用长方形木料作梁架的称为厅，而使用圆形木料作梁架的称为堂，也就是扁作厅与圆堂的简称。

鸳鸯厅

鸳鸯厅

鸳鸯厅是一种较为大型的厅堂，面阔多为三开间或五开间，采用歇山式或硬山式屋顶。鸳鸯厅的最大特点就是看似一厅，实为两厅，也就是一座厅堂在内部被分为前、后两部分，中间以隔扇、屏风或壁等分隔。前后厅一向阳一面阴，分别适合冬、夏使用，同时，又能于前后分别见到园中的不同景致，是看似简单却奇妙的设计。

四面厅

四面厅

四面厅是厅堂的一种，建筑面阔也多为三开间或五开间。四面厅的特点从它的名称上即可以看出来，即四面开敞的厅堂。在这种四面厅中，可以四面观景，四围用通透的隔扇，可闭可启。围以栏杆、回廊。在园林中，四面厅是较为高级、讲究的厅堂形式，也是比较实用与美观的厅堂形式。

花厅

花厅

花厅是园林建筑中较常见的一种，主要作用是作为园主生活起居和会客之处，建筑位置虽在园中，但大多临近住宅。花厅前院落多布置花木、山石等，以构筑一个幽雅的环境。花厅梁架多为卷棚顶形式，另有少数做成花篮厅式梁架。花厅在私家园林，尤其是江南园林中比较多见。

门厅

门厅

门厅虽名厅，但实际上是门，只是将门建成厅的形式而已。中国古代高门宅第的大门，多建成屋宇形式，带有内部空间，而不仅仅是一座门楼和一个过道，这样的屋宇式大门就称为门厅。一般多在南方私家园林中使用。

轿厅

在某些园林中，往往还会于门厅之后建一轿厅，方便主人或来往客人入园停轿，也就是说，轿厅是停轿的地方，与门厅和一般意义上的厅堂在功用上有较大区别。苏州名园网师园内即有轿厅一座，其内现还停放有红木轿一顶。

轿厅

荷花厅

荷花厅

荷花厅相对来说是一种较为简单的厅堂，面阔多为三开间，内部多处理成单一空间，南北两面开敞，东西面则使用山墙封闭。荷花厅多临池而建，面对池中荷花，厅前有宽敞的平台，是观赏池水荷花的佳处。"荷花厅"之名也因此而来。

花篮厅

花篮厅

花篮厅也是厅堂的一种，它的特点是建筑明间金柱不落地，悬在半空，并且其柱端雕刻有花篮插花，其实也就是莲花柱头，仿若垂花门前的垂花柱，所以名为花篮厅。苏州狮子林的水殿风来即是一座花篮厅。

牡丹厅

牡丹厅

牡丹厅与荷花厅有着相似之处，除了同是厅堂之外，还在于它们的名称都是花类，即以花为名，并且也是因为这种花植于建筑近旁而得名。牡丹厅的周围即植有牡丹花。扬州何园花卉中以牡丹最为著名，园中的牡丹厅旁就植有无数牡丹。

拙政园远香堂

拙政园中部是全园的主景，以水池为中心，池南即建有全园最重要的建筑远香堂，与池中的雪香云蔚亭相对。远香堂内摆放有桌椅、茶几、花瓶和古琴等物，实用而雅致。堂后池中植有荷花，因而取周敦颐《爱莲说》中"香远益清"诗意，命名为远香堂。建筑坐南朝北，面阔三间，单檐歇山顶，灰瓦，简洁朴素，稳重大方。堂的四周带回廊，四面作隔扇，四面均可观景。

拙政园远香堂

拙政园兰雪堂

拙政园兰雪堂

兰雪堂是拙政园东部园区的主厅，面阔三开间，堂前檐悬有"兰雪堂"匾额。厅内存有一幅漆雕《拙政园全景图》，图旁有书法名家撰写的对联："此地是归田故址，当日朋俦高会，诗酒留连，犹余一树琼瑶，想见旧时月色；斯园乃吴下名区，于今花木扶疏，楼台掩映，试看万方裙屐，尽占盛世春光。"堂前植松种梅，更有秋菊傲霜，景色清雅、幽然。

拙政园玉兰堂

拙政园玉兰堂

玉兰堂是一座花厅，位于拙政园中部景区的西南部，距离小飞虹桥不远。玉兰堂面阔三开间，是一座敞厅，四面通明。玉兰堂是明代建筑，原名"笔花堂"，据传，明代时曾是文徵明作画之所。玉兰堂院落为粉墙围绕，空间封闭，院内花木繁盛、青藤缭绕，环境清幽，地面干净平整。其东院墙上开有各式花窗，隐约可见中园主景，使内外景致似断还连。

网师园万卷堂

万卷堂是一座高华的大厅，是网师园内的一座重要建筑，面阔五开间，三明两暗。万卷堂原是园主的书房，也是藏书之处，堂内陈设古色古香，颇有些书卷之气。后檐正中悬有"万卷堂"匾额，额下悬挂一幅劲松图。图两侧悬有一副对联："紫署夜湿千山雨，铁甲春生万壑雷。"图下设一翘头案，案上置瓶、镜、盆景石作为映衬。

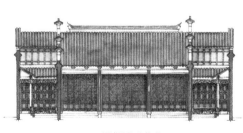

网师园万卷堂

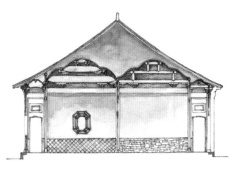

狮子林燕誉堂

狮子林燕誉堂

燕誉堂是苏州狮子林园的主厅，建筑高大开敞，宏伟富丽，面阔三开间。堂前有走廊，廊内装饰精美非凡，廊柱间设有大面积的雕花挂落与栏杆。"燕誉"之名取自《诗经》，寓意安闲快乐。前廊两端各有侧门一个，门洞上方嵌有砖额，一为"读画"，一为"听香"，分别指映院内的石峰和玉兰、牡丹等景观。

狮子林立雪堂

狮子林立雪堂

立雪堂也是狮子林园内的一座重要厅堂，在燕誉堂南侧不远处，面阔三开间，单檐歇山卷棚顶。厅堂的四面设隔扇门窗，关闭时稳重严谨，开启后通透敞亮，所以外观看来既庄重又轻巧。立雪堂之名取自诗句"继后传衣钵，还须立雪中。"庭中散置峰石，形象各异，生动有趣。

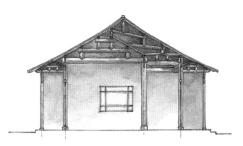

沧浪亭明道堂

沧浪亭明道堂

明道堂是苏州沧浪亭园的主厅，面阔三开间，四周带回廊，单檐歇山卷棚顶，体量高大，空间开敞。明道堂原名寒光堂，后取苏舜钦《沧浪亭记》中"形骸既适则神不烦，观听无邪则道以明"句意改名为"明道堂"。堂前树木或高大或矮小，参差错落，间有玲珑的叠石，环境颇为优美。

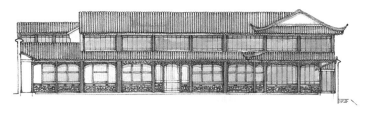

耦园城曲草堂

耦园城曲草堂

城曲草堂是苏州耦园东花园的主体建筑，堂名取自唐代诗人李贺的诗句："女牛渡天河，柳烟满城曲。""女牛"也就是牛郎织女，"城曲"则是城角隅的意思。城曲草堂建筑高大敞亮，居中的三间厅堂是宴会之所。后来为方便生活，又增建补读旧书楼和双照楼，使之更具气势。草堂内落地纱隔上有对联一副："卧石听涛满衫松色，开门看雨一片蕉声"，写出了草堂的清幽与雅致。

寄畅园凤谷行窝大厅

寄畅园嘉树堂

寄畅园凤谷行窝大厅

明正德时的尚书秦金，退隐后于惠山脚下建园，命名为凤谷行窝，后改为寄畅园。而凤谷行窝之名后来成为贞节祠享堂的匾额，现今的凤谷行窝是园中一处不错的建筑景观。这座建筑面阔三开间、硬山顶、朝南而建。因原有长窗被拆除而成为空间更加开敞的敞厅。

寄畅园嘉树堂

嘉树堂位于寄畅园主体水池锦汇漪的西北岸，也就是在园林的西北端，是全园景色的收结点。这里是一片平地，堂朝南而建，背倚园墙，稳定踏实。嘉树堂建筑面阔三开间，灰瓦白脊，前部开敞，近旁有嘉树掩映，环境既幽然又疏阔、随意。

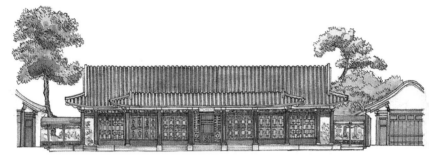

颐和园乐寿堂

颐和园乐寿堂

乐寿堂是一组前后两进院落的四合院式建筑群，组合结构别致，是清代末期慈禧太后在园中的住处。乐寿堂正殿平面呈十字形，面阔七开间，前后都有抱厦，前面抱厦五开间，后面抱厦三开间，殿前对称陈列着铜鹤、铜鹿、铜瓶，寓意"六合太平"。大殿的东西各有五间配殿。

乾隆花园遂初堂

北海澄观堂

乾隆花园遂初堂

遂初堂是乾隆花园第二进院落的主体建筑，在第二进院落的正北，建筑面阔五开间，卷棚歇山琉璃筒瓦顶，带回廊，堂前置有精美珍贵的玉雕盆景石。遂初堂的左右有抄手游廊连接东西厢房，东西厢房各为五开间。遂初堂是一座穿堂式建筑，穿堂而过就是花园的第三进院落。

北海澄观堂

澄观堂在北海北岸铁影壁的东北面，这里原是一组二进院，前院称为澄观堂，后院称为浴兰轩。澄观堂主要是作为帝后游园时休息的别馆，在先蚕坛没有建成之前，乾隆曾将澄观堂作为后妃们祭祀蚕神时更衣和休息的地方。后来乾隆又在澄观堂原有二进院落的基础上加建了快雪堂，以藏《快雪时晴帖》石刻。

第三章　园林的建筑

十笏园十笏草堂

山东十笏园以水池为中心，在水池的南岸建有一座三开间的厅堂，名为十笏草堂。这座草堂为单檐硬山顶，墙体全部青砖砌筑，中央开间安装四扇隔扇门，左右两开间各设一方窗。无论从整体色调上看，还是从建筑造型上看，十笏草堂都非常简朴。

十笏园十笏草堂

楼与阁

楼与阁

楼与阁在中国古代属于高层建筑，在园林中较为常见。园林建筑除了具有景观的作用之外，还是重要的观景点，而楼阁在众多建筑中无疑是最适于观景的，因为它高大开敞，既利于远眺也可近观。也因此，在园林建筑景观中，楼阁往往都是作为一个画面主题或是构图中心来设置，占有比较重要或特殊的地位。

寄畅园秉礼堂

秉礼堂是无锡寄畅园内的一座重要厅堂。"秉礼"即秉承圣人孔子之礼，以"秉礼"
为园名表示园主将以此为园之要事。秉礼堂面阔三开间，安装隔扇长窗。厅堂屋顶
上通脊雕花，两头加设有封火山墙。堂南种竹、置石，堂北临池，环境开敞、疏朗。
堂内设有桌、台、椅，整齐简洁。中堂悬有竹石图，与堂外青竹、山石相互呼应。

2 秉礼堂

秉礼堂是寄畅园内一座非常重要的建筑，它与围
墙、水池等自成一个独立的小院，自是一处完整
的小园景观。堂的体量高大，正脊雕饰尤为精美，
但使用灰瓦、白墙、木质隔扇，整体又呈现一种
庄重、典雅与朴素之美。

1 山墙

寄畅园秉礼堂的
山墙是防火墙的
形式，山墙顶部
不与堂的正脊相
接，而是高于正
脊，这样的山墙
形式可以较好地
防止火势的蔓延，
也就是说当附近
别的房屋不幸失
火时，山墙可以
较好地阻挡火势，
所以得名。

3 月洞门

月洞门是中国古典园林中常见的一种门洞形式，多是直接开设在园中的一段粉墙之上，无需另建屋顶也可以产生作为供人出入的门。人们不但可以从月洞门出入，还可以透过月洞门观赏园景，将洞门当作取景框。

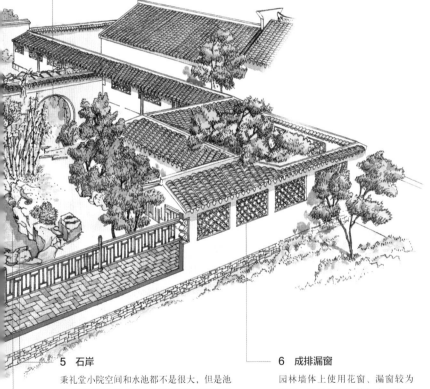

5 石岸

秉礼堂小院空间和水池都不是很大，但是池岸却经过精心的叠砌，全为参差的山石人工砌成，与不规则的池形相得益彰。

4 水池

秉礼堂院中自有一个水池，形成了与别院不同的水院景观。水池为不规则形状，与高大稳固而方正的厅堂形成对比，产生了变化，丰富了景致。

6 成排漏窗

园林墙体上使用花窗、漏窗较为常见，几乎每座园林都有一些漏花窗，漏窗已成为中国古典园林中重要的装饰元素。特别是在墙体上使用成排漏窗，比个别的漏窗更有韵味，也能达到更好的透景、观景效果。

板桥林家花园定静堂

定静堂是板桥林家花园的主体建筑，也是林家花园中最大的建筑，坐南朝北而建，它是林家宴客之处。"定静"二字取自《大学》里的"定而后能静"句。定静堂是林家花园内唯一的四合院，室内陈设有许多名人字画和一些古董。在定静堂的大门上有一个很大的匾额，上有"山屏海镜"四个大字，意谓定静堂正对着观音山。

2 定静堂

定静堂是板桥林家花园中的主体厅堂，是一个院落形式，前为门厅，后为正厅，左右为厢房。这座厅堂使用了红色屋瓦，正是台湾红瓦建筑的特色。

1 游廊

园林是为游赏而建，游廊是游赏最好的园林引导建筑，有了游廊人们的游赏更为有序、轻松。游廊形式多样，长短不一，本图中的游廊是一座曲尺形的双面空廊，可以两面观景。

4 回旋式石梯

登上月波水榭的梯道是回旋式的。在水榭与水岸之间堆有假山石，石上置有石梯，石梯随着假山的山势自成回旋形式，形态优美，是功能性与艺术性的巧妙结合。

3 小屋顶

在定静堂院落的中间，并不是完全向天开敞形式，而是建有一个小屋顶，遮挡了部分院落上部空间。这样的建筑，形式上有别于一般露天院落，比较别致，另一方面也方便人们雨天在院中的来往。

5 月波水榭

林家花园中的月波水榭建在一方池水中心，池岸呈弧形，而水榭平面则呈双菱形，是现存园林建筑中比较特殊的平面形式。这里可以登临观水望月，地方高敞，所以得名"月波水榭"。

颐和园玉澜堂

玉澜堂是颐和园东宫门内宫殿区的一座重要殿堂，东近仁寿殿，西临昆明湖，是一组四通八达的穿堂殿。玉澜堂建于乾隆年间，是乾隆处理政务之处。1860年毁坏后重建，作为光绪皇帝的寝宫。戊戌变法失败后，这里由寝宫变成了光绪的"囚室"。

3 羽扇

羽扇是帝王重要的执事，可以作为单纯的陈设品，也可以作为宫人为皇帝扇凉的用具。玉澜堂中的一对羽扇是用孔雀翎制成，自显高贵不俗。

6 香炉

香炉是明清宫殿内外非常常见的陈设，可以燃香，营造肃穆气氛。玉澜堂内宝座前方置有一对香炉，铜制，比一般的香炉更为精美，体形也较为高大，外观呈三层的楼阁形式，线条饱满圆润。

1　福寿

在玉澜堂中央开间室内后檐横匾的两侧，分别悬着"福""寿"二字，表示帝王对于多福与长寿的渴望。

2　罩

玉澜堂室内以落地罩等罩类设置隔断空间，形成不同的使用区域。罩为木雕，隔扇中安装玻璃，上部横框内则嵌绢，并于棂格间的绢上写录书法，文雅精致。

5　灯笼

灯笼既可以照明，又是很好的室内陈设与装饰品。尤其是制作精美、雅致的宫灯，多用珍贵的木料做框架，框内夹绢纱或白纸，上面作书法绘画，别有情趣。

4　紫檀屏风

玉澜堂内正中为皇帝宝座，宝座是用珍贵的紫檀木制成，并有精美的雕刻与镶嵌。宝座背靠五扇紫檀嵌玻璃屏风，风格稳重而又明澈、清爽。宝座前方是木雕桌案，也都是珍贵木料制成。

楼

楼

楼是区别于一般平房式的建筑，最少有两层。楼就像是重叠建在一起的两座单层建筑，或是更多的单层建筑的组合，以形成高大的体量，所以许慎在《说文解字》中说："重屋曰楼。"楼的屋顶一般使用硬山式或歇山式，比较稳重、简洁。

阁

阁

现在的阁与楼并无明显区别，所以楼阁总是连在一起用。但在最初的时候，楼和阁是有一定的区别的，各有一些特色。在古代，楼主要是供人居住，而阁是用来储藏物品。在造型上，阁的屋顶一般多用攒尖顶，更富有变化，更显得华丽多姿。这是从体量都在两层以上的楼阁来看，而实际上还有很多的阁只有一层，并非如楼一样是两层或两层以上的高大建筑，这样的阁在园林中也很常见。

拙政园见山楼

拙政园见山楼位于园林中部水池的西北角，是一座三面临水的水上楼阁。见山楼为上下两层，上下均有出檐，屋面覆盖灰瓦，上为歇山顶。因为下檐伸出较长，上檐缩小，所以楼体显得稳重、朴实。楼体下层设有美人靠，可以停坐休息。在楼的西侧有爬山廊相连，建筑形体起伏生姿又自然，有如一体。楼的东北角则有曲桥与池岸相通，将楼与水、岸联系起来，同时也使十游人登楼观景。

拙政园见山楼

拙政园倒影楼

拙政园倒影楼

拙政园倒影楼位于园林西部景区的北面，正临西区池水的北端，楼体倒映水中形成清晰、优美的倒影景观，与廊、亭、树木、水岸相互辉映，清新优雅而丰富多彩。倒影楼在体量上与见山楼相仿，也是两层楼阁，不过，倒影楼下层没有出檐，并且顶部的歇山卷棚顶的"脊"部也相对较短，因而楼体更显轻巧灵动、亭亭玉立。

拙政园留听阁

拙政园留听阁位于园林西部景区的中部，建在西区水池的西岸。留听阁是一座三开间单檐歇山顶的单层小阁，灰瓦顶，四面设置木质隔扇，形体小巧但空间通透。阁体下部是乱石砌筑的台基，上缘简单设置石条栏杆，与两侧参差林立的湖石正形成对比，越发显得石栏简单、整齐。

拙政园留听阁

拙政园浮翠阁

拙政园浮翠阁

拙政园浮翠阁位于留听阁的北面，它是一座八角形的双层楼阁，建在西园假山的高处，是全园的最高点，远望好像浮在树丛绿荫之上。登阁眺望，远山近水尽现眼底，景致如画，阁中的对联"亭榭高低翠浮远近，鸳鸯卅六春满池塘"，就是描写站在阁上所见的美景。"浮翠阁"之名源自苏轼诗句"三峰已过天浮翠，四扇行看日照扉。"

留园曲溪楼

留园曲溪楼

留园曲溪楼位于留园中心水池的东岸，临水而建，与西楼南北并列。楼名取自《尔雅》"山渎无所通者曰谿"，曲谿同曲溪。此处以曲溪会意流觞曲水，寄景寓情。曲溪楼上层为隔扇，下层为洁白的墙体，两旁墙体上各开方形漏窗，中间设八角形洞门，门上墙面嵌有文徵明所书"曲谿"砖刻。楼内开放通畅。

留园西楼

留园西楼

西楼也是留园中的重要楼阁，它的东北为五峰仙馆，"西楼"就是因为处于五峰仙馆之西而得名。这座处于曲溪楼和五峰仙馆之间的西楼，有着连接两者的作用，因而在建筑外观上有所对应，如，其东立面采用木菱花装修，与五峰仙馆相呼应，西立面则为粉墙漏窗，与曲溪楼略同，以此取得变化中的统一。

留园明瑟楼

留园明瑟楼

留园明瑟楼位于留园中心水池的南岸，是留园中部景区主体建筑之一。明瑟楼是一座临水的两层楼阁，楼体与涵碧山房相连成一整体。明瑟楼内不设楼梯，如果要上达二楼，必须通过楼侧堆叠的假山。这样的设计仿佛是让人在登高远望之前，先仔细欣赏欣赏眼前之景。楼体下面白色的石头底座浴水而设，使得整个建筑看起来就像漂浮于水面一般。

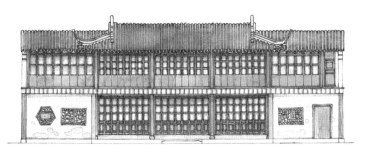

留园冠云楼

留园冠云楼

留园的冠云峰几乎为所有爱石者钟爱，更为园主所钟爱。为了更加突出冠云峰，园主不但特意命人在石边、池前种植低矮的花木衬托，更在庭院北面建冠云楼以造势。冠云楼的楼体高达两层，上下皆为红色隔扇门，色彩富丽，楼顶为卷棚形式，是江南园林建筑常见的顶式，稳重又精巧。楼前树木葱郁，绿草丛生，奇石林立，环境幽雅。

留园远翠阁

留园远翠阁

留园远翠阁位于园林中部东北角，是一座两层的楼阁，上层隔扇，下层为带漏窗的墙体。楼体稳重而檐角轻盈、飞翘。这里远离中部池水，又有长廊、屋宇、假山相围绕，自成一处幽静的游赏佳处，适合细细品味与玩赏。阁前更有明代所留青石牡丹花台，台上雕刻各种吉祥美好的图案，与台内所植牡丹相映，更显富丽典雅。

留园活泼泼地

留园活泼泼地

留园西部园区中的溪水东端有一座水阁，为单檐卷棚歇山顶形式，形体轻巧，空间通透，这就是"活泼泼地"。水阁阁体一半踞于岸上，一半凌于水面，阁下面为条石砌成的涵洞，使水能从阁底穿过，造成一种动感，所以取"活泼泼地"以为名。阁内刻有四幅意境清远的图画：林和靖放鹤、苏东坡种竹、周茂叔爱莲、倪云林洗桐。

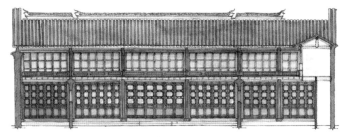

网师园撷秀楼

网师园撷秀楼

撷秀楼是网师园内的一座重要楼阁，居于中心水池的东岸，在大厅万卷堂之后。撷秀楼面阔五开间，分上下两层，下层当初是园主内眷的燕集之所，所以又称女厅，上层是园主夫妇的居室。楼上设有砖刻栏杆，登楼俯瞰全园景色可尽收眼底。撷秀楼在建筑格局与装饰陈设上都不若万卷堂宏伟富丽，但自有一种古朴精雅之美。

网师园濯缨水阁

网师园濯缨水阁

濯缨水阁位于网师园中部水池的西南岸，它是一座面阔只有一开间的小阁，檐角飞翘，轻临池上，动静相宜。阁中悬有清代著名书画家郑板桥所书对联："曾三颜四，禹寸陶分"，意义非凡。濯缨水阁与云岗假山紧密相依，组成了水池南岸的主要景观，同时又是中部和南部景区的极好隔景。

狮子林暗香疏影楼

狮子林暗香疏影楼

狮子林暗香疏影楼在园子中心水池的西北部，它也是一座二层楼房。楼前叠有山石、植有梅花，又有池水相映，所以取宋代诗人林和靖的诗句"疏影横斜水清浅，暗香浮动月黄昏"两句的前两字为名，以突出景观的特点。暗香疏影楼的造型与平面布置都非常特别：楼的下层前有敞廊，廊东端有楼梯通往假山，可达飞瀑亭，高低变幻不定；楼梯间东面四间，硬山式样，西面一间，歇山卷棚半顶式样，富有变化又巧妙结合，浑然一体。

狮子林问梅阁

狮子林问梅阁

狮子林问梅阁建于园中池水西岸的山石间，是西山中心建筑景观。阁外种植有梅花数枝，阁内外装饰也多用梅花，如，阁内地面饰梅花纹、桌凳为梅花形状、窗棂格图案为冰梅纹、八扇屏门上绘有梅花国画以及名家书写的问梅阁古诗。问梅阁早在元代已有，后经重建。建筑背靠园墙，面对池水，地势高敞。阁顶暗置水柜蓄水，引导流水经山石流下，形成瀑布景观。

狮子林卧云室

狮子林卧云室

狮子林卧云室是一座假山环抱中的方形楼阁，古人以云似峰石，而卧云室被环于形态各异的峰石之中，因而取元好问诗"何时卧云身，因节遂疏懒"句中"卧云"为名。卧云室有上下两层，顶部造型非常特别：如果从南面看，屋顶是脊极短的歇山式；如果从北面看，楼阁向外凸出一抱厦，抱厦的屋顶是半个四方攒尖顶，两者组合，每层屋面有六只飞翘的屋角，形式少见。

耦园听橹楼

虎丘致爽阁

个园抱山楼

耦园听橹楼

耦园听橹楼建在园子的东南角，楼高两层，对外为实墙体。楼名之所以叫"听橹"，是说在这座小楼上可以听到江上船家摇橹声，就像陆游诗中所写："参差邻舫一时发，卧听满江柔橹声。"耦园听橹楼与内城河仅一墙之隔，旧时这一带非常繁华，船橹来往不绝。据说，当初的园主沈秉成外出时，他的夫人就常在听橹楼上，边听橹声边等候他归来。

虎丘致爽阁

致爽阁建在虎丘山的最高处，在虎丘塔的西南面。取"四山爽气，日夕西来"的意境，取名"致爽"。原阁建在法堂后面，民国时重建于今址。致爽阁面阔五开间，进深五架，歇山式屋顶。阁有四面明窗，回廊环绕，设计精美，室内部署典雅洁净，中堂悬有虎丘山全图，下置条案、高几，案上置瓶、镜、山石，案前摆放有圆桌、圆凳。在致爽阁内凭窗外望，既可俯瞰近处山水、翠竹，也可远眺山外群山，特别是西南观狮子山。

个园抱山楼

扬州个园抱山楼是园内不多的几座建筑之一，在园中的地位与宜雨轩相当，都是比较主要的建筑。抱山楼建在园内中心小池的北岸，楼分上下两层，面阔都是七开间。在私家园林中，这样的体量是比较大的，但因为前有假山的遮掩和绿树的掩映，所以并不显得突兀和臃肿，反而因其长大的体量，将夏山和秋山在气势上联系起来，成就了一处完美风景。抱山楼楼檐下有"抱山楼"匾，也有"壶天自春"匾，各自传达了不同的景观意境和命名者的心思。

何园汇胜楼

何园汇胜楼位于园子西区池水的
北岸，它是何园西区的主体建筑，
面阔三开间，上下两层，上下均
带走廊，上层设朱红栏杆，下层
只设柱子，廊内均为朱红隔扇，
楼顶为歇山式，檐角飞翘。汇胜
楼的特别之处在于，其走廊的左
右两侧连接着两层的复廊，形如
蝴蝶展翅飞舞，造型优美，所以
下层又称蝴蝶厅。这样的建筑造
型在江南园林中是孤例。

何园汇胜楼

拥翠山庄拥翠阁

拥翠山庄是虎丘山中的一座独立
小园，拥翠阁即是小园中的建筑
之一。拥翠阁建在山庄中部的问
泉亭的东面，单檐卷棚歇山顶、
粉墙、灰瓦、红色隔扇与靠背栏杆，
空间开敞。就这座小园来说，拥
翠阁的位置并不是很突出，但因
为它在虎丘山中，东侧即是山路，
又开有便门可出入，位置就特殊
起来。同时，阁的西侧又半入园内，
可说是内外皆宜，占尽地利。

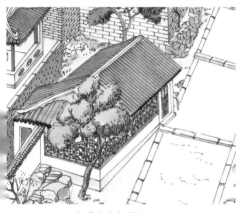
拥翠山庄拥翠阁

虎丘山冷香阁

在虎丘山拥翠山庄的北面有一座
小院，院中建有高阁，阁四周植
有梅树百株，每逢冬春时节暗香
习习，阁因之名"冷香"。现东
墙外侧刻有"冷香阁"三个篆字，
是华阳十五岁的少年洪蔚孙书写。
而冷香阁建筑则是公元1918年时
吴江人金松岑与友人同建，是专
为赏梅而建。冬雪飘零之际，于
万朵梅花中登阁赏景，其绝美飘
逸之境非笔墨可形容。

虎丘山冷香阁

北京故宫御花园延晖阁

如果将北京故宫御花园建筑景观分为东、中、西三路的话，延晖阁就位于西路的最北端，位置略为偏东一些。延晖阁是一座三开间的楼阁，上下两层，上层宽度略窄，四面带回廊，下层不设回廊，顶为卷棚歇山式。延晖阁依北宫墙而建，建筑体量高大。上下层之间有突出的平座，其表面装饰有金色如意头纹。加上朱红隔扇、朱红圆柱，及柱头额枋的精美彩画，装饰典雅不凡、精致华丽。在苍松翠柏的掩映之下，楼阁显得壮丽辉煌。

景山绮望楼

景山也是一座以轴线串连建筑与景观的园林，绮望楼就在园林大门内轴线之上。绮望楼建于乾隆年间，它是景山园门内的第一座建筑，位处景山山脚下。绮望楼是一座两层的楼阁，上下层皆为三开间，上下层皆有出檐，两层中间有一层平座，上为单檐歇山顶。楼体上层有一圈回廊，而下层只有前廊。朱红隔扇、廊柱、黄色琉璃筒瓦，色彩鲜明，富丽堂皇。

颐和园佛香阁

颐和园佛香阁始建于清代乾隆年间，公元1860年毁于战火，后重建成三层高的四重檐楼阁，平面八角形，通高36米，气势雄伟。阁内供有铜铸千手观音像。佛香阁是颐和园建筑景观的制高点，也是全园的焦点和主体建筑。站在佛香阁上，可以俯瞰万寿山前山的排云殿建筑群和昆明湖景观，视野开阔，意境悠远。

板桥林家花园来青阁

来青阁是板桥林家花园中最高的建筑，也是园内单体建筑体量最大的一座。它是一座上下两层的楼阁，上下皆有出檐，四面均带廊，顶为单檐歇山式。整个来青阁建筑全由上好的楠木和樟木建造。来青阁是当年林家用来招待贵宾的地方，内部饰有精美的雕刻与彩绘。整个建筑显得十分华贵大方。

颐和园山色湖光共一楼

山色湖光共一楼是一座精美的三重檐两层楼阁。平面为八角形，上为攒尖顶。回廊、朱红廊柱与隔扇、檐下苏式彩画，相互辉映。无论在造型上还是在装饰上，这座楼阁都非常明丽、华美，又能与周围的建筑与树木景观相互呼应，尤其是与听鹂馆、贵寿无极共同组成一个完整的构图。此外，山色湖光共一楼还与长廊和鱼藻轩相连，形成参差起伏又连绵不断的多样而整的景观。

颐和园借秋楼

颐和园借秋楼是画中游建筑群景观的一部分，它是一座两层的精美楼阁。建筑面阔三开间，前带走廊，廊下立朱红廊柱，其余三面砌筑整齐的粉墙，上为单檐歇山卷棚顶，覆绿色琉璃瓦带黄色剪边。建在高大的砖石台基之上，地势也高，非常有气势。

北京故宫御花园延晖阁

板桥林家花园来青阁

景山绮望楼

颐和园山色湖光共一楼

颐和园佛香阁

颐和园借秋楼

乾隆花园符望阁

符望阁是乾隆花园内体量最大、最主要的一座建筑，处于园子的中部偏北处，这也正是中国建筑群中最重要殿堂所处的位置。符望阁是座平面方形的亭式大楼阁，面阔、进深各为五间。楼体四面装隔扇门窗，外带回廊，攒尖的屋顶上覆盖黄色琉璃瓦，装饰辉煌华丽。楼阁的中部突出一层平座，外观两层的楼阁实际内部为三层。楼阁内部房间分割穿插，错综复杂，所以有"迷楼"之称。

6 须弥座

须弥座是由佛教神山须弥山引申而来，很多的佛教殿堂和皇家大殿都以须弥座作为殿堂台基，符望阁也是如此。符望阁的这座须弥座台基采用的是上下枭雕刻仰俯莲瓣的形式。

5 湖石

在符望阁的前方左右各设一湖石作为装饰，湖石漏透玲珑，形态优美。石下都用小型须弥座来承托。

1 宝顶

宝顶是攒尖顶建筑最上部的装饰物。皇家建筑不论是大内宫殿还是园林建筑，色彩大多以金色为主。符望阁的宝顶即是铜质鎏金的，在阳光下金光闪耀。

2 黄琉璃筒瓦

符望阁的屋面也是金黄色，因为使用的是金黄色的筒瓦铺设，这也是皇家建筑的一个等级标志。

3 平座

楼层上用斗拱、枋子、铺板等挑出的类似于阳台的一圈结构层，叫作平座，在唐宋楼阁式建筑中十分常见。明清时期，由于建筑结构的简化，平座作为结构层逐渐被简化为一圈出排的栏杆，供人登临眺望。

4 琉璃挂檐

在符望阁的楼体外表面，上下檐中间突出有一层平座，平座上沿设围栏以保护登楼者的人身安全，富有功能性，而平座外表的立面则是装饰的重点部位，全部用琉璃件贴面，并做出如意头的纹样，华美而吉祥。

7 隔扇

符望阁是乾隆花园中最重要的一座建筑，所以在色彩与装饰上都属于等级较高者。除了黄色琉璃屋顶、鎏金宝顶、琉璃挂檐等之外，楼体四面的隔扇也是皇家建筑隔扇最常用的朱红色，大方稳重。

颐和园德和楼

德和楼位于颐和园东宫门内的宫殿区，是一座体量高大宏伟的大戏楼，是慈禧太后为了听戏特别建造。德和楼总高约22米，分上中下三层，三层台面皆可作为演戏空间，三层台面从上至下分别称为"福""禄""寿"，都是非常吉利的名称。大戏楼的三层皆有出檐，并且三层檐下额枋均绘有最高等级的金龙和玺彩画，非常精美。

1　扮戏楼

戏楼是观戏的地方，也是演员表演的地方，前台演戏，后台扮戏。这座与主体楼阁相连的楼就是扮戏楼，高两层。

5　影壁

影壁的设置具有遮挡作用，同时也有避邪的意义。德和园园门内，正对园门设有一座影壁，影壁壁心绘五福捧寿，寓意吉祥美好。

2 戏台

颐和园德和楼是一座非常高大的戏楼，它的主体部分是演出场所——戏台，楼体高达三层，且三层楼之间都有天井相通，并配有可移动的平台将各层连通，使演员可以从舞台各处出场。

3 颐乐殿

颐乐殿是一座单层殿，卷棚歇山顶，它是当初慈禧太后看戏的地方。颐乐殿的地平略高于德和楼的一层地平，以便获得最佳的观赏角度。每当德和楼戏台上演戏剧时，慈禧就端坐在颐乐殿内看戏，左右有王公大臣等陪同。

4 寿台

德和楼戏台的最下层为寿台，面积最大、最开敞，也是最常演戏的一层。寿台下面还设有地下室，里面有一口水井，以供表演飞龙喷水、水漫金山等有水场面的戏剧。

颐和园爱山楼

颐和园爱山楼

颐和园爱山楼与借秋楼相互对应，分别居于画中游的左右。两者在造型、体量和地势上，都相差无几。因此，两者在画中游景观中，起到平衡的作用。画中游建筑群景观中的建筑有一个由低至高的层次，爱山楼和借秋楼处于这组景观的中层。

北海阅古楼

北海阅古楼

阅古楼始建于乾隆十八年（公元1753年），位于北海琼华岛西北坡，楼体上下两层，前圆后方，左右环抱，是个半圆形平面的建筑，造型极为别致。门窗、廊柱、墙体大部分为红色，少部分是灰色和白色，色彩上较为古朴、优雅。阅古楼内为半圆形的天井院，院内四壁嵌满了《三希堂法帖》石刻，有四百九十多方，它们是中国现存自魏晋南北朝以来最为完整的石刻精品。

北海倚晴楼

北海倚晴楼

在北海的北坡下有一组月牙形的建筑群，由游廊和多座高楼组成，东端为倚晴楼，西端为分凉阁，其间还有延楼。左图就是四角重檐攒尖顶的倚晴楼。

北海庆霄楼

北海庆霄楼

庆霄楼建于清代顺治八年（公元1651年）。庆霄楼体量高大，上为卷棚歇山顶，覆盖灰瓦。脊端微翘，上面蹲有小兽。楼体分上下两层。每层面阔均为五开间，上下层皆为通透的隔扇门窗，形制也相同，都是近似菱形的图案，色彩全为红色。四周都带围廊，廊前立红色柱子，只是上层柱体为方形，下层柱体为圆形；上层台上带围栏，下层则没有任何类似的装饰，台基面光滑敞亮。庆霄楼造型方正、稳固、色彩富丽，气势威严。

北海环碧楼

北海环碧楼

在北海琼华岛的北坡，中部偏东位置，距离嵌岩室不远有一座方台，方台的南侧即为高耸的环碧楼。楼高两层，楼体分层明显，檐下无柱而代以砖砌墙体，砖墙窄直有如方柱，柱上端为突出的墀头作为楼檐的支撑。楼体上下皆安装轻巧的木隔扇，棂格简单，并不像皇家宫殿建筑的隔扇棂格那样讲究，体现出园林建筑的雅致与朴实特色。环碧楼的整个楼体都倚在山坡之上，楼侧也有怪石参差，从下部仰视，气势撼人。

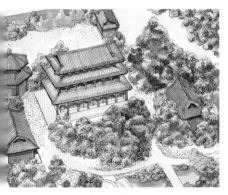

北海万佛楼

北海万佛楼

北海万佛楼位于极乐世界殿的北面，是极乐世界建筑群后部的主体建筑，它建于清代乾隆三十二年（公元1767年），是乾隆皇帝为他的母亲祈福而建。万佛楼的面阔为七大开间，楼体高达三层，底部为高1米多的青白石须弥座。整个楼体的体量高大，气势壮观不凡。据记载，楼内墙壁上曾嵌有佛龛、佛像一万多个，所以称为万佛楼。

颐和园画中游楼阁

画中游是颐和园万寿山前山西南转角处的一组建筑景观，画中游楼阁是这组景观中最重要、位于最前部的一座亭式楼阁。画中游楼阁的平面为八角形，上下两层，上为重檐攒尖顶，覆盖绿色琉璃瓦带黄色剪边。楼阁上下层均四面带回廊，只立朱红廊柱，空间通透开敞。这里地势比较高，前部视野开阔。

1 借秋楼

借秋楼是画中游建筑群中一座重要楼阁，位于画中游的西路中部，卷棚歇山顶。

3　湖山真意

从澄辉阁向东北而行，通过一道垂花门即可到达湖山真意敞厅，敞厅四面开敞，卷棚顶，体量适中，不会影响前部画中游的主体建筑。此外，站在湖山真意这座敞厅中，可以透过门框梁柱等，看到玉泉山的景致，成为借景极好的取景框。

2　澄辉阁

澄辉阁是画中游建筑群的主要建筑之一，位于画中游中轴线的北端，单檐歇山顶。阁的两端连着左右的爬山廊，将这一组建筑围护起来。

5　爱山楼

东部的爱山楼与西路的借秋楼位置相对，建筑形态和体量上也相差无几，也是两层的歇山顶楼阁。

6　画中游楼阁

画中游为两层重檐攒尖顶的亭式楼阁，体量高大而又不失秀美玲珑之姿。

4　牌坊

在画中游楼阁与澄辉阁之间，有一座石制牌楼，为一间两柱形式。过了牌坊，地势就升高了一级，进入了另一个层次的画面。所以说，这座石牌坊是画中游上下层次景观的过渡建筑。

北海叠翠楼

北海叠翠楼

叠翠楼位于北海的园中园——静心斋的最西北处，是全园的最高点，建于清代光绪十一年（公元1885年），是慈禧重修静心斋时增建的。叠翠楼是座两层楼阁，造型稳重、齐整，上下层均面阔五开间，带回廊，有粗大的圆柱支撑上檐。中部安装有隔扇门，两侧实墙体粉刷洁白。两层中间突出的走廊上，安装有通透的栏杆，走廊的东西两侧有外突的、架在假山上的楼梯可以上下。假山参差零落，更显出叠翠楼的高大。

避暑山庄烟雨楼

避暑山庄烟雨楼

避暑山庄烟雨楼是避暑山庄湖区青莲岛上的主体建筑，是避暑山庄一处重要而美妙的景观。它是乾隆皇帝仿照浙江嘉兴南湖烟雨楼而建。"烟雨"其名出自唐代诗人杜牧的"南朝四百八十寺，多少楼台烟雨中"。避暑山庄烟雨楼虽是仿建，但更胜于被仿者，楼的面阔为五开间，上下两层，四面设回廊、栏杆，四面皆可观景，南湖水、北平原、东山峰、西层峦。

避暑山庄云山胜地

避暑山庄云山胜地

云山胜地是避暑山庄正宫建筑群的最后一座建筑，在烟波致爽殿的北面，它是一座两层的小楼，楼的上下层皆为五开间。云山胜地西可观山，东可看湖，北有草原，楼的前侧则叠有山石、植有松木。登上了云山胜地楼，避暑山庄的湖光山色便尽收眼底。在山水树木之间还常有云雾缭绕，所以康熙题名为"云山胜地"。

避暑山庄上帝阁

上帝阁是避暑山庄湖区金山岛上的楼阁，它是金山岛上的主体建筑。楼阁高三层，平面六边形，形体高耸，造型优美。楼阁的上中下三层均有康熙的题额，一层为"皇穹永佑"，二层为"元武威灵"，三层为"天高听卑"，并且三层内各有供奉，一层供祭祀器物，二层供真武大帝，三层供玉皇大帝。

避暑山庄上帝阁

避暑山庄绮望楼

绮望楼是避暑山庄山区的一座楼阁。在榛子岭南坡下，宫殿区的西面，有一座规整的庭院，其正殿即为绮望楼。楼阁为上下两层，面阔九开间，前带廊，卷棚歇山顶。朱红的廊柱、隔扇富丽典雅，而灰瓦的屋顶又显得素净清爽。楼前庭院植花种树、山石堆叠。登楼远眺，山光水色，美景无尽。

避暑山庄绮望楼

轩与榭

轩与榭

轩与榭也是厅堂类建筑，只是相对来说，它们在体量上要小巧精致一些，并且大多不作园林的主体建筑。轩与榭更具有园林建筑意味，可以说只有园林中才经常出现轩与榭形式的建筑。简而言之，轩与榭是指以轩敞为特点的亭阁台榭类的建筑。

轩

轩对于园林来说，有两种形式，一是园林中的一种小型的精巧的单体建筑，一是园林中厅堂建筑前部飞举的顶棚。作为前者在各种园林中都可以见到，而后者主要属于江南园林中特有。作为园林建筑之一，轩的造型以轻巧见长，无论是作为单体建筑还是作为厅堂的一部分，观之都有轻盈如飞之感。特别是作为厅堂建筑前部的顶棚轩，其形式更为丰富多变，有菱角轩、海棠轩、船篷轩等，造型也更为轻巧。

轩

榭

榭

榭原是指建在高台上的敞屋，《尚书·周书·泰誓上》曰："惟宫室台榭。"孔颖达疏："土高曰台，有木曰榭。"而《释名》则说"榭"是凭借的意思。后来，园林中建于花丛中、水边或水上供人们游赏观景，又能凭依休憩的建筑，就被称为榭。近水者称水榭，依花者称花榭。因为主要用于赏景、休憩，或是赏景与休憩兼顾，所以榭类建筑多开敞通透，最多是设隔扇门窗，而多不会筑实墙体，因而其轻盈之态也自得。

拙政园芙蓉榭

拙政园芙蓉榭

拙政园芙蓉榭位于园子的东部园区内，具体位置在东部园区的池水东端岸边，临池水而建，并且建筑体大部临于水上。芙蓉榭为四面开敞的一座水榭，榭内置精美的圆光罩，榭的四面立柱、设栏栏和挂落，游人可以入榭凭台依栏观水景。水榭顶为单檐歇山卷棚式，四角飞翘，体态轻盈小巧。倒影入水中，更有一种灵动与飘逸之美。

拙政园倚玉轩

拙政园倚玉轩

倚玉轩位于拙政园中部水池南岸，所以也称南轩，与园中主体建筑远香堂相邻。倚玉轩面临水池而建，面阔三开间，四周带回廊，单檐歇山卷棚顶。倚玉轩之名源于文徵明诗句"倚楹碧玉万竿长"，这轩名与轩旁原有所植青竹正相应。倚玉轩在拙政园中的地位仅次于远香堂，它向南能通小飞虹，向北能达荷风四面亭。

避暑山庄文津阁

文津阁是避暑山庄平原区的一座小庭院，四面白墙围护，也是山庄一处重要景观。庭院内的主体建筑是文津阁藏书楼，是清代所建四大藏书阁之一。文津阁面阔六间，外观两层，实为三层。从正面看，楼阁下层前带走廊，而上下层均安装隔扇。文津阁的建筑形式是依照《易经》中所说的"天一生水""地六成之"而建，即第一层分为六间，而顶层为一大通间。文津阁是清代乾隆时用来珍藏《四库全书》的地方。

2 曲水荷香亭

曲水荷香是一座体量较大的重檐方亭，因为内有曲折水槽，是对古代文士曲水流觞景观的浓缩，比较特别，所以成为避暑山庄重要一景，也是康熙三十六景之一。

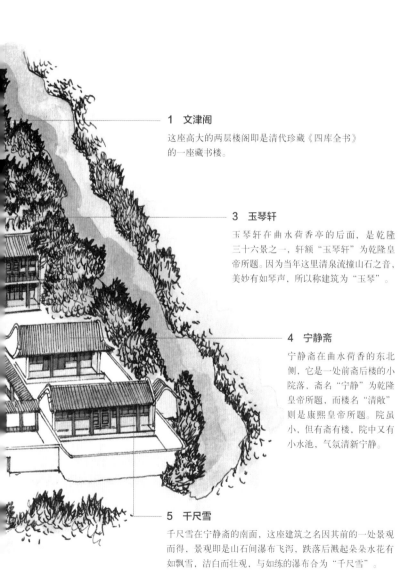

1 文津阁

这座高大的两层楼阁即是清代珍藏《四库全书》的一座藏书楼。

3 玉琴轩

玉琴轩在曲水荷香亭的后面，是乾隆三十六景之一，轩额"玉琴轩"为乾隆皇帝所题。因为当年这里清泉流撞山石之音，美妙有如琴声，所以称建筑为"玉琴"。

4 宁静斋

宁静斋在曲水荷香的东北侧，它是一处前斋后楼的小院落，斋名"宁静"为乾隆皇帝所题，而楼名"清敞"则是康熙皇帝所题。院虽小，但有斋有楼，院中又有小水池，气氛清新宁静。

5 千尺雪

千尺雪在宁静斋的南面，这座建筑之名因其前的一处景观而得，景观即是山石间瀑布飞泻，跌落后溅起朵朵水花有如飘雪，洁白而壮观，与如练的瀑布合为"千尺雪"。

拙政园听雨轩

拙政园听雨轩

在拙政园中部景区的东南角，距离玲珑馆不远有一个独立的小院，院之主体建筑即为听雨轩。它是一座三开间的小轩，单檐卷棚歇山顶，两侧山墙连着游廊。轩前院中有清冽池水，池中植荷数枝，池边栽芭蕉、翠竹，每逢雨天，雨点滴滴落在荷叶、芭蕉、翠竹之上，声音或圆润或清脆，正是静赏轻听好时节，自然表现出了听雨的主题。

拙政园与谁同坐轩

拙政园与谁同坐轩

拙政园与谁同坐轩位于园子西部景区的中心，临池而建，是看风赏月临水的佳处。轩名取自苏东坡词句"与谁同坐，明月清风我"，极富文人高雅、绝世的气质。而轩的平面为扇形，甚至连窗洞、桌、椅、匾额等也都做成扇形，使之多添一份意趣，显得活泼生姿，也让园林景观更多变化，在不经意间带给人们一种新鲜感。

留园绿荫轩

留园绿荫轩位于园子中部水池的东南岸，临池而建，正面对着池中的小蓬莱岛。小轩只有一间，上为单檐卷棚硬山顶，四面开敞，空间通透，为敞轩形式。小轩面对水池的一面设有美人靠，游人可以坐靠在美人靠上，边观赏风景边休息。轩的一侧墙体上开设漏窗，另一侧连着一段带漏窗的廊子。"绿荫"其名得于原来轩旁有一株枝叶葱翠的青枫。绿荫及其构成的景观正如诗中所写："华轩窈且旷，结构依平林。春风一以吹，众绿森成阴。"

留园绿荫轩

留园闻木樨香轩

在留园中心水池的西北部，有一处雄伟浑厚的黄石假山。山上桂树丛生，中有一小轩，轩因桂树而名，即为闻木樨香轩。闻木樨香轩是一座开敞的三开间小轩，装饰简洁而大方。轩内悬"闻木樨香轩"横匾，轩前柱上有对联："奇石尽含千古秀，桂花香动万山秋。"轩的后部依着一道廊子，因为所处地势高敞，所以凭轩四顾，可将园中景色尽收眼底。

留园闻木樨香轩

网师园竹外一枝轩

网师园竹外一枝轩同样处于园中水池的北岸，距离看松读画轩不远，不过竹外一枝轩是临水而筑，可以入轩俯瞰池水、观赏游鱼。它是一座似轩非轩，似廊非廊的建筑，前部开敞，檐下立四柱，柱上有对联："护砚小屏山缥缈，摇风团扇月婵娟。"由正面看面阔为三开间。小轩的别致之处更在轩后，由轩内后望可透过轩后的圆洞门和矩形窗，看到集虚斋院内苍翠欲滴、摇曳生姿的修竹。

网师园竹外一枝轩

网师园小山丛桂轩

网师园的小山丛桂轩，其名的得来是因为在轩旁有山石和丛生的桂树。小山丛桂轩建筑是四面厅的形式，四面安装嵌玻璃的隔扇，因而更显小轩通透明净。轩的体量小巧，姿态舒展飘逸，在山石、桂树的掩映中，营造出了一份幽然宁静的气氛。小山丛桂轩是网师园中的主体建筑，是园主人用来招待宾客之处。

2　月到风来亭

亭子是中国古典园林中最富有情趣的建筑，小巧玲珑，特别在小型的私家园林中最为相宜，更具情态。网师园中心水池西岸有一座亭子，名为月到风来亭，堪称是网师园中最为引人注目、最精巧的一座小亭。

4　蹈和馆

网师园蹈和馆在濯缨水阁的南面，它是一座东西向三开间的小室，三间之间以板壁相隔，板壁上开设小门连通。馆的西墙上开设有木质棂格花窗，映着窗外摇摆的青竹，自现一种幽静雅致的气氛。"蹈和"二字取履贞蹈和，寓意安闲吉祥。这里不临中心水池，又有树木掩映，环境非常清静，当初是园主宴居的地方，现已辟为画廊。

5　琴室

琴室是一座依墙半亭式建筑，在蹈和馆的南墙外。琴室中摆有琴桌、坐凳，主人闲来无事可以在这里弹琴散心。

1　殿春簃

殿春簃在网师园的西北部，通过中心水池彩霞池西北的潭西渔隐小门即可到达殿春簃小院。小院面积不大，但环境清幽，景观丰富。小院是当初的葡萄圃，春季里即有葡萄藤顺势生长。院的主体建筑居北朝南，三间、单层，前部较开敞，对着院落。

3　集虚斋

集虚斋是一座楼式建筑，位于网师园中心水池的东北角，与竹外一枝轩仅一墙之隔。它是当初园主人读书与修身养性之所。集虚斋本就居于相对僻静的位置，其旁又有青竹相伴，越发显得幽然清静。

7　彩霞池

中国江南私家小园，大多在园中辟有水池，但水池却大多无名，网师园这个小池却有一个美妙的名字，叫作彩霞池。据说，这是用当初园主女儿的名字命名的。

6　小山丛桂轩

这座体量较大的歇山顶的建筑即为园中主体建筑小山丛桂轩。

网师园看松读画轩

网师园看松读画轩

网师园看松读画轩也是园中一座较重要的轩室，居于中心水池的北岸，面阔四开间，三明一暗，整体形象高敞轩昂。看松读画轩与小山丛桂轩基本呈南北相对之势，并且它与小山丛桂轩一样也不近临水池，而是前部隔有假山、林木。因为林木主要为松柏之类，所以称"看松"，而由轩内向外观景有如图画，所以称"读画"，便有了看松读画轩之名。

狮子林指柏轩

狮子林指柏轩是园内一座大型建筑，是贝氏得园后所建，它是一座楼房，不同于一般的单层小轩。轩的上下层皆出檐，且都设有通透的隔扇门窗，屋顶为卷棚歇山式。楼的下层带走廊，廊内门两侧悬有篆书长联："丘壑现奇观古往今来世居娄水历数吴宫花草顾辟疆刘寒碧徐拙政宋网师屈指细评量大好楼台夸茂苑，溪堂识真趣地灵人杰家孚㠠山缅怀元代林园前鹤市后鸿城近鸡陂远虎丘迎眸纵登眺自然风月胜沧浪。"轩前院中植有玉兰、金桂，花开时节，香气四逸。

狮子林指柏轩

沧浪亭面水轩

沧浪亭面水轩建于园门内沿河的复廊的西端，"面水轩"其名当然也清楚地表明了这座轩是面临池水而设的。轩与廊东端的观鱼处东西相对。面水轩是座四面设落地长窗的敞轩，环境开敞。轩内置有圆桌、长几，摆有盆景，放有小圆凳、靠背椅。透过通透的隔扇门，能看到轩外生机盎然的绿树，丰富了室内景观。可说是休憩、赏景的绝佳处。

沧浪亭面水轩

怡园藕香榭

怡园藕香榭

苏州怡园的主体建筑是一座面阔三开间、四周带回廊的四面厅，单檐卷棚歇山顶，位于中心水池的南岸。这座四面厅是座鸳鸯厅，藕香榭是它的北厅，因为厅前面临池水，正好夏日可赏荷，更有荷花的幽香飘散满室，所以命名为"藕香榭"，也称"荷花厅"。藕香榭的背面是梅花厅，也称锄月轩，因厅南院中植有梅花数株而得名。

怡园拜石轩

怡园拜石轩

怡园拜石轩在园子的东部，它是一座三开间卷棚歇山顶的四面厅，厅的周围带回廊。轩北院中置有嶙峋怪石，蔚为奇观，因此取"米颠拜石"的典故将轩命名为"拜石"。又因轩南院中植有四季常青的树木，尤其是松、竹、梅最为突出，所以取三者之合称"岁寒三友"之名，将轩又称为"岁寒草庐。"

129

个园宜雨轩

个园宜雨轩

个园宜雨轩位于园内中心小水池的南岸，是园中的主体建筑，并且是开敞通透的四面厅形式。宜雨轩面南而建，面阔三开间，四面带回廊，设廊柱与栏杆。轩前中间两根廊柱上悬有对联一副："朝宜调琴暮宜鼓瑟，旧雨适至今雨初来。"宜雨轩是当初园主招待宾客，与友人欢聚之处。因为轩前植有数株桂花，所以又称"桂花厅"。

拥翠山庄抱瓮轩

苏州虎丘山上的拥翠山庄是一座园中小园，来到园前，步上十余级台阶进入园门，即是抱瓮轩。抱瓮轩是一座面阔三开间的敞轩，是山庄内的主体建筑之一。建筑的中央开间安装隔扇门，左右开间安装隔扇窗，同样的材质、色彩，同样的棂格花纹。轩内后檐悬有"抱瓮轩"匾额一方。

拥翠山庄抱瓮轩

拥翠山庄月驾轩

拥翠山庄月驾轩

拥翠山庄月驾轩在问泉亭的西侧上方，其中间是一攒尖顶的亭屋，两边各附一短廊，形式就像一叶轻舟正穿行在峰石之间，生动、活泼，所以得名"月驾轩"。月驾轩正面开敞，另三面为墙体，左右两墙体上又各开竖长方形门洞，门上砖额为"花疏"和"月淡"，后面墙上悬有"月驾轩"匾，匾下对联一副："在山泉清出山泉浊，陆居非屋水居非舟。"对联两侧挂有雅致的石屏。

御花园绛雪轩

北京故宫御花园绛雪轩是园中一座重要建筑，位于园子的东南角，与西南角的养性斋相对。绛雪轩是一座五开间的轩室，单檐硬山顶，覆盖黄色琉璃瓦。轩前部带有三间歇山卷棚顶的抱厦，整体形成凸字形的平面，与凹字形平面的养性斋在体形上也相对。绛雪轩后部依着东墙而立以稳其势，前部则置有琉璃花坛，植海棠、叠湖石，景观奇美。

御花园绛雪轩

乾隆花园古华轩

北京故宫内的乾隆花园是一座多进院落组成的内廷宫苑，古华轩是园中第一进院落的主体，它是一座五开间的敞轩，四面带回廊、安隔扇，顶为卷棚歇山式。轩内顶部为井口天花形式，楠木造，花纹为卷草花卉，非常高雅、精美。透过开敞的隔扇，由轩内即可欣赏到前院内的亭台、假山和树木景观。

乾隆花园古华轩

颐和园写秋轩

颐和园写秋轩

写秋轩是一座轩式建筑，位于颐和园万寿山南坡转轮藏的东面，轩为单檐卷棚歇山顶，面阔三开间，中央开间为隔扇门，两侧开间辟设槛窗。写秋轩的两端山墙各连着一段廊子，分别联系着寻云亭和观生意亭。三座建筑组合成别致的一组建筑景观。

避暑山庄水心榭

避暑山庄水心榭是山庄湖区的一处重要景观，康熙时这里曾是湖水出山庄的水闸，经过精心的设计，于闸上建了三座亭榭，水闸的作用依然存在，亭、榭与之相依形成优美景观。三座水榭开敞通达，重檐飞翘，并以左右二榭为对称形式。因此，虽然只有三座建筑，却呈现出了多样性与统一性。

2 侧亭

在水心榭中心亭的两侧各有一侧亭，两亭形态相同，都是重檐攒尖顶，平面方形。两亭在体态、气势上并不输于中心亭，但因为居于两侧，有守卫之势，所以居于次要地位。

3 牌坊

在水心榭三亭的外侧还各建有一座牌坊，两座牌坊在形体大小、形式上都相同，为三间三楼形式。不过，它们与一般的牌坊有所不同，虽然是三间，但只有两柱，即中央一间有两柱，左右两柱为不落地形式，显得牌坊特别精巧可爱。

5 水闸

避暑山庄水心榭原不是为了取景，而是为了疏通流水建的水闸，后为了使之更富有艺术气息，才于闸上建亭、榭以观。这里的水闸就是亭榭下面通流水的涵洞，有了这样的洞口，上建道路依然可通行，上建亭榭又可观景，实用性与艺术性紧密结合。

1 中心亭

避暑山庄水心榭由三座建筑组成，中心一座为重檐歇山卷棚顶，平面呈长方形，四面开敞通透。

4 彩画

水心榭三亭檐下梁枋彩画都是旋子彩画，在清式彩画中居于第二等，仅次于最高等级的和玺彩画。

斋与馆

斋与馆

斋与馆也是园林中比较重要的建筑类型，相对于轩、榭的开敞来说，斋、馆的空间要封闭一些。它们的这种封闭，并不是幽暗，而是在讲求明净的基础上又不过分开敞。此外，斋、馆的建筑位置，多相对退避，而不若轩、榭那样临水，不像轩、榭那样处在开敞的大空间中。此外，斋、馆周围往往还多安排一些其他建筑，以形成大面积建筑景观。

斋

斋

园林中的斋主要是园主人的修身养性之所，但也不尽然，有时候园主人燕居之室、读书的书屋，甚至是小辈的学堂等，也都以斋命名，所以斋的意义就更广一些，同时，斋这种建筑的形式也便多样起来。但不管是用于修身养性，还是读书、上学，斋都要求环境静谧，所以大多建在园林比较安静的一隅，并有一定的遮掩。

馆

馆

馆原义是客舍，因此园林建馆的主要作用是待客。在中国古典园林中，被称为馆的建筑非常多，除了客舍、书房、学堂之外，还有燕居之地，甚至是眺望赏景之地，都有以馆为名的。馆类建筑中，除了少数作为厅堂的馆之外，一般也多建在园子的一隅，特别是作为书房的馆，大多环境幽僻。馆的建筑规模不定，大者可以是一组建筑，小者可以只是三间单体建筑。

拙政园秫香馆

拙政园秫香馆

拙政园秫香馆是一座厅堂，并且是拙政园东部园区内最大的一座厅堂，处于东部园区的北面、土岗之西。秫原指高粱，一般代指稻米之类谷物的统称。秫香馆原为秫香楼，因为东部园区的北面原来是园主种植稻米等作物的家田，所以在这里建楼，可以观赏田园景致，楼名便也因此称为"秫香楼"。

拙政园玲珑馆

拙政园玲珑馆

玲珑馆位于拙政园中部园区的东南部，是枇杷园中的主体建筑。玲珑馆是一座三开间的小型建筑，单檐卷棚歇山顶，四面隔扇门窗。门窗槅格花纹全部为冰裂纹，与馆前地面上的冰裂纹相互呼应，共同表达了玲珑馆高洁的品位。馆侧叠有山石，又种有翠竹，馆内悬"玉壶冰"匾额。

拙政园三十六鸳鸯馆

拙政园三十六鸳鸯馆

拙政园三十六鸳鸯馆位于园林西区中部池水的南岸，是西区的主体建筑。三十六鸳鸯馆也是一座开敞通透的四面厅。这座建筑的最大特点，是鸳鸯厅的形式。厅堂中间以银杏木雕屏风相隔，北方因为临池，池中曾养有鸳鸯三十六对，所以馆名题为三十六鸳鸯馆，而南厅院内种植曼陀罗花，所以称为十八曼陀罗花馆。馆的外观也很特别，在三开间主体建筑的四角，又各建有暖阁一间，成为中国古典林建筑平面造型中独一无二的例子。

拙政园拜文揖沈之斋

留园清风池馆

在留园西楼西北不远处有一临水小建筑，这就是水榭形式的清风池馆，单檐卷棚歇山顶。清风池馆两面临池：一是它的正面开敞朝向西方，面对池水，设有美人靠，可坐息，也可凭栏观鱼；二是它的左侧也面对池水，粉白墙上开设有漏窗，也可透过漏窗观景。清风池馆的右侧和后侧傍有山石，而左后侧则微微依着西楼，与西楼一角相连。清风池馆内的粉墙上还悬有挂屏，装饰雅致、简洁。

留园五峰仙馆

拙政园拜文揖沈之斋

拙政园拜文揖沈之斋位于园林西区的东北角，实际上就是倒影楼的下层。倒影楼的楼下悬有"拜文揖沈之斋"匾额，匾中"文""沈"指的是明代著名的画家文徵明和沈周。据园主张履谦在《补园记》中所述可知，张氏是因为得到了文徵明的《王氏拙政园记》石刻及文徵明、沈周的画像，才特意建这座倒影楼的。为表示对文、沈的推崇，又在楼下立"拜文揖沈之斋"匾。

留园清风池馆

留园五峰仙馆

五峰仙馆是留园内最大的厅堂，也是东区的主体建筑。建筑面阔五开间，卷棚硬山顶，富丽堂皇，高大敞亮，室内装饰装修也非常精美，陈设古雅。室内正中用屏风、屏门隔成南北两部分，南面宽敞，北面局促。正中红木屏门上刻有《兰亭序》全文，屏门两侧纱隔上部窗心嵌有古铜器拓片，还有生动的花鸟绢画；隔扇裙板上则雕刻有博古图案和帝王将相等人物。五峰仙馆因为梁柱都是楠木所造，所以又称楠木厅。

留园林泉耆硕之馆

林泉耆硕之馆是留园东区另一座较为重要的建筑，馆为鸳鸯厅的形式，厅中间以银杏木精制的六扇屏作隔断，分为南北两部分。六扇屏一面绘有冠云峰图，一面书有赞序。赞序对园主人盛康得石的经过进行了简单叙述，主要是对冠云峰的赞美。序文酣畅淋漓，一气呵成。序两旁柱上有对联："胜地长留即今历劫重新共话绉云来父老，奇峰特立依旧干霄直上旁罗拳石似儿孙。"

留园林泉耆硕之馆

网师园集虚斋

网师园集虚斋

网师园集虚斋在园内中心水池的东北部，竹外一枝轩的后面，斋与轩之间仅有一墙之隔。集虚斋是一座二层的楼房，上下两层的面阔皆为三开间，前部安装木质隔扇，顶为单檐硬山式。"集虚"之名取自《庄子·人间世》中"唯道集虚，虚者，心斋也"句意。当初，这里楼上是女儿闺阁，下为读书之处，窗外种有丛丛青竹，确有虚静清明之意。集虚斋体量高大，又居于较好的位置，所以登楼观景视野非常好。

怡园坡仙琴馆

怡园坡仙琴馆位于园子中心水池东岸东，为一卷棚歇山顶建筑，一室分为两间。其中的东间即为坡仙琴馆，而西间名为石听琴室。不论是坡仙琴馆，还是石听琴室，都与"琴"字相关，据说，这是因为主人曾得苏东坡所制古琴一把。坡仙琴馆和南面的拜石轩互为对景。

怡园坡仙琴馆

137

寄畅园含贞斋

寄畅园含贞斋

寄畅园含贞斋在园子的西南部，出秉礼堂月洞门向北不远即到。含贞斋是一座三开间的小轩，硬山顶，三面围廊。小轩面东而建，门外有宽敞的场地，其东部略偏北处为九狮峰，隔断了含贞斋与园池锦汇漪，使含贞斋成为一处宽敞而又幽静的别致所在。

故宫御花园养性斋

乾隆花园倦勤斋

乾隆花园倦勤斋

乾隆花园倦勤斋是花园的最后一座建筑，共有九间，它是帝后们的休息处。倦勤斋在外观上看为硬山卷棚式顶，覆黄琉璃瓦带绿剪边，并没有什么特殊之处，它的特别之处在内部。倦勤斋的九间房屋并不直接连通，而是东五间相连、西四间相连。西四间是皇帝看戏的地方，它的最东面一间建为两层，设帝王宝座，座后有楼梯通到东五间上层，别致而实用。

北海画舫斋

北海画舫斋

北海画舫斋位于北海水面的东岸，建于清代乾隆年间，是北海的园中园，当初是帝后们看戏的地方，环境清幽雅致。画舫斋的正殿建在园内方池的北面，是一座前轩后殿式的建筑，也就是殿前带抱厦的形式，抱厦为三开间，与正殿一样都是卷棚歇山顶。正殿额题即为"画舫斋"，是乾隆皇帝御笔。

故宫御花园养性斋

北京故宫御花园养性斋是一座书房，是清代帝王读书、休息之处，位于御花园的西南角。养性斋是一座两层的楼房，上下层皆带走廊、设栏杆，帝王读书之余可以凭栏观景，略作休息。养性斋的平面比较特殊，是凹字形，前部开口，正对着斋前假山。因为有了假山的屏蔽，所以环境也自幽静起来。凹字形的平面正与御花园东南角绛雪轩凸字形的平面相对。

颐和园宜芸馆

颐和园宜芸馆

颐和园宜芸馆是颐和园东宫门内宫殿区的一座建筑，乾隆时期是皇帝藏书的地方。公元1860年时被英法联军烧毁，慈禧太后重建，并将它作为光绪皇帝的皇后隆裕在园中的寝殿。宜芸馆的正殿面阔五开间，前带廊，单檐卷棚顶，檐下匾额即为"宜芸馆"。

北海静心斋

北海镜清斋位于北海的北岸，是北海内的一座园中之园，建于乾隆年间，现今称为静心斋，为清末时慈禧太后所改。镜清斋也是小园中的一座主体建筑的名称，现仍保留，它是一座五开间的建筑，坐北朝南，前带廊，廊下绘有雍容华贵的彩画，华贵之外又不失雅致精美，殿后建有三间抱厦，整体很有气势。

6　叠翠楼

叠翠楼是座五开间的两层楼阁，也是静心斋小园的最高点，它是清末时奉慈禧太后的旨意修建，是慈禧太后用来观赏园外市风之景的所在。楼体左右与爬山廊相连，通过爬山廊即可上下此楼。

5　爬山廊

静心斋小园地势南低北高，并且北部还有山石堆叠，石上建有长长的爬山廊，廊子对内一面开敞，人可以立于廊内观赏园景。长长的爬山廊也起到围墙的作用，将小园单独围合成一片清静天地。

1　镜清斋

镜清斋是静心斋小园中的主体建筑，坐落在小园中部偏南位置，前后皆临池水，水面对于建筑来说就如镜子一般可照可映。

2 沁泉廊

沁泉廊虽然地位没有镜清斋重要，但却位于小园
的中心，廊下有水坝可通流水，廊后水位高、廊
前水位低，水的落差形成优美的泉声，所以得名
沁泉廊。这里是夏季纳凉和闲时赏景佳处。

3 焙茶坞

焙茶坞其实就是为品茶而
建，清代时的帝王后妃们常
在这里品茶，有时还让深谙
茶道的人在这里为他们表演
茶道。焙茶坞的楹联则写出
了这里的园景："岩泉澄碧
生秋色，林树萧森带曙霞。"

4 韵琴斋

韵琴斋是座两开间卷棚顶的配房，面临池水，因
为立于斋内可以静听泉水潺潺之声有如琴音，所
以得名"韵琴斋"。除了流水之外，这里还有青竹，
气氛非常雅静，是读书、弹琴的好地方。

殿

殿

殿也就是宫殿，《辞源》中有"专称解释为帝王所居及朝会之所或奉神佛之所"。园林中能够建宫殿的只有皇家园林，包括皇家的大型苑囿、内廷宫苑、离宫别馆，而私家园林、景观园林中都不能建宫殿，寺观园林中的殿类建筑是供奉神佛用的。宫殿的建筑等级最高，不是一般人可以使用的。皇家园林中的殿，有居住的殿，有办公的殿，也有观景的殿，有的兼有观景、办公或是观景、居住多种功能，有时为契合园林主题，此类殿堂建筑也以"堂""馆"等为名。

北海善因殿

北海善因殿

北海善因殿建在白塔的前方，它是一座方形的小殿，平面为方形，下层殿檐也为方形，但它的上层殿檐却是圆形，也就是殿顶为圆形攒尖顶，顶部中心立有鎏金宝顶。这座小殿全部为琉璃贴面，四面整齐地贴饰有黄绿琉璃小佛，横枋上也满贴黄绿琉璃，精致而华美。善因殿还是观景的佳处，如果站在殿前的平台上，可以一览无余地欣赏北京古都的风貌，当然俯瞰近处的北海海面更是绝妙。

北海普安殿

北海普安殿

普安殿是北海琼华岛上白塔寺的主殿，在正觉殿后院正中，它是一座面阔三开间、黄琉璃瓦顶的大殿，殿体周围带回廊，廊下立有朱红色廊柱。普安殿的装饰非常精美，而且等级也较高。大殿中央开间门上悬有蓝底金字"普安殿"匾额，匾后枋上绘有以游龙和旋子为主题的旋子彩画，并且大面积贴金，与蓝绿两色交错组合，典雅而富丽。红色的隔扇门窗采用最高等级的菱花纹隔心。大殿前方是宽广干净的院落，种松植柏，庄严清静。

北海琳光殿

北海琳光殿

琳光殿位于北海琼华岛的西坡，面阔三间，中央开间设门，门板为四扇隔扇式，两边间辟窗，左右对称。门框、门扇、窗棂都是朱红色。大殿上为单檐歇山顶，屋面覆盖灰瓦。檐下额枋上则布满青绿色彩画。殿下为方正的条形基座，前有条石台阶。基座、台阶和窗台下部的墙体，皆为白色。由殿的正面观看，色彩以朱红色为主，与方正的殿体、平直的基座结合，在飘浮的绿柳与浓郁的松柏间，显得庄重古朴。

北海法轮殿

北海法轮殿

北海琼华岛前坡有永安寺一座，寺内的主殿名为法轮殿，面阔五间，前部带走廊，廊下立红色圆柱，中央两根柱子上悬挂有黑底金字的对联，正中额枋上悬"法轮殿"匾，梁枋彩绘精美，柱头雕刻细腻。大殿为单檐歇山顶，覆五彩琉璃瓦；正脊上嵌饰五彩琉璃的二龙戏珠，两端有琉璃大吻，精致而壮美。

北海悦心殿

北海悦心殿

北海悦心殿是一座单檐卷棚歇山式灰瓦顶殿堂，面阔五间，中央开间设门，两侧辟窗，窗下槛墙体较低矮。殿体前带走廊，廊下立有六根粗大的圆柱，中央开间门前的柱子上悬挂有对联，檐下悬"悦心殿"匾额，字体浑圆流畅。大殿坐落在方正的台基上，虽然只有一层，但气势较为壮阔。悦心殿是皇帝处理公务之所，皇帝在园中游赏时，如有需要处理的政务，即在悦心殿办理。

北海极乐世界殿

极乐世界殿是北海北岸的一座重要而突出的庙宇，体量巨大，建造独特，四面环水，四面各建有一座五彩琉璃牌坊，四角则各建有一座重檐角亭，整体组合丰富而多彩。极乐世界殿本身是一座方形大殿，四角重檐攒尖顶，顶部覆盖黄色琉璃瓦带绿剪边，殿顶有巨大的鎏金宝顶。殿体四面带回廊，四面安装隔扇。底部台基为砖石砌筑，表面粉刷洁白，台基上缘四面栏杆。

3 妙相亭

在万佛楼的西面原有一座院落，妙相亭即建在院内。妙相亭平面八角形，重檐攒尖顶，屋面覆琉璃瓦，体量较大，蔚为壮观。亭内有一座高6.88米，平面为十六面的佛塔，上面雕有十六尊罗汉像。

2 万佛楼

极乐世界殿北端的万佛楼，是北海北岸最为高大的建筑，它与极乐世界殿组合形成这部分建筑群的南北轴线。

4 角亭

在极乐世界殿的四角各建有一座角亭，四亭均为重檐四角攒尖顶，使这组建筑更富有气势。极乐世界殿象征着须弥山，而四角亭象征着须弥山四面的四大部洲。

1 极乐世界殿

这座重檐四角攒尖黄琉璃瓦顶的大殿就是极乐世界殿。殿内原设有一座体量巨大的泥塑彩绘"南海普陀山"群像，后彩塑损坏，今见彩塑为当代作品。

6 阐福寺

五龙亭的北面是一座寺庙，它在明代时是嘉乐殿，清代时改建为阐福寺，是乾隆皇帝为了给其母祈福祝寿而建。主要建筑有牌坊、门殿、天王殿、钟鼓楼、大佛殿等。

5 五龙亭

五龙亭是北海北岸最为著名的建筑之一，共有五座亭子连成一体，沿着水岸建置，虽都是方形平面，但在屋顶处加以变化，使建筑群整体形态优美。

北海承光殿

北海承光殿

承光殿是北海团城的主殿，位于团城城台的中心，它是清代康熙年间在倒塌的元代仪天殿的基址上重建而成。承光殿的平面是近似方形的井字形，在外观造型上与故宫角楼有相似之处，不过，殿的中心是一座通脊的歇山顶大殿，四面带卷棚歇山顶的抱厦，抱厦与抱厦之间又有出檐与突出的殿体，殿体四面隔扇。承光殿的整体造型非常奇特而又稳重。大殿下部是砖石台基，台基上缘砌黄绿琉璃砖的栏杆，与辉煌华丽的大殿相互呼应。承光殿内供有一尊珍贵无比的白玉佛。

北海大慈真如宝殿

北海大慈真如宝殿

大慈真如宝殿是北海北岸的一座大型殿宇，它是西天禅林喇嘛庙中的主殿，并且它是一座由金丝楠木建造的大殿，可见其尊贵与不凡。大殿的面阔为五开间，重檐庑殿顶，殿顶覆盖黑色琉璃瓦带金黄色剪边。色调庄重，风格古朴。大殿下有台基，前有凸出的月台，围以汉白玉的栏杆，非常有气势。大殿内供奉有三世佛和十八罗汉像。

颐和园仁寿殿

颐和园仁寿殿

仁寿殿是颐和园宫殿区的主殿，位于东宫门内宫殿区的中部，初建时名为勤政殿，慈禧时改为仁寿殿。仁寿殿的面阔为七开间，进深五间，四周带回廊，它是颐和园宫殿区体量最大的殿堂。殿前陈设有铜香炉和铜麒麟，院中还特置有一峰巨大的湖石作为障景。正殿左右各建有配殿五间，加上前部的仁寿门，构成了一个独立完整的小庭园。

颐和园排云殿

颐和园排云殿

排云殿是颐和园万寿山前坡的重要建筑群，在佛香阁的下方，地位仅次于佛香阁。排云殿建筑群的主要建筑有排云门、玉华殿、云锦殿、二宫门、芳辉殿、紫霄殿、排云殿正殿、德辉殿等。排云殿正殿是建筑群的主体，面阔七开间，周围带回廊，上为重檐歇山黄琉璃瓦顶，气势雄伟。

景山寿皇殿

景山寿皇殿

寿皇殿是景山中一座重要殿宇，它建在景山后部略偏东北位置，正在苍松翠柏掩映之中，环境至为清幽宁静。寿皇殿建在一座高大的台基之上，前部凸出宽广的月台，以汉白玉栏杆围绕。月台上放置有铜仙鹤、铜鹿和铜香炉等。大殿面阔九开间，重檐庑殿顶，顶覆黄色琉璃瓦。整体气势恢宏磅礴，不经意间看去有如故宫内的太和殿一般。

景山观德殿

景山观德殿

观德殿是景山观德殿建筑群的主殿，位于景山中、东部，紧靠着东边的围墙。观德殿面阔五开间，前带走廊，后建抱厦，平面形状比较富有变化。殿顶覆盖黄色琉璃瓦。观德殿这组建筑，是明代万历时为皇帝观看皇子们射箭而特意修建。

避暑山庄澹泊敬诚殿

避暑山庄宫殿区共有四组宫殿群，即正宫、松鹤斋、万壑松风和东宫。除了东宫之外，其他三宫建筑基本都被较好地保存下来。正宫是宫殿区最主要的宫殿群，澹泊敬诚殿是正宫的主殿，面阔七间，四周带回廊，卷棚歇山顶，它是清代举行重大庆典和皇帝接见外国使臣和王公大臣的地方。大殿初建于康熙时，乾隆时改用楠木构架，所以也称楠木殿，古雅高贵。

避暑山庄澹泊敬诚殿

避暑山庄烟波致爽殿

避暑山庄烟波致爽殿

烟波致爽殿是避暑山庄正宫区的后寝殿，大殿面阔七开间，前后带廊，单檐卷棚歇山式灰瓦顶。大殿内部正中三间为厅，是皇帝接受后妃朝拜的地方，后方悬有"烟波致爽"匾。室内陈设丰富而整洁，古玩、盆景、几、凳、炉、瓶、镜、珐琅缸等，应有尽有，富丽堂皇。除三间正厅外，东面两间是皇帝起居、用膳处，西面两间是小佛堂和寝室。

避暑山庄万壑松风殿

万壑松风殿是避暑山庄宫殿区中最早的一组宫殿，主殿名称也叫作万壑松风。万壑松风殿面阔五开间，进深二间，是康熙读书、批阅奏章之处。大殿北临湖水，地势高敞，殿前有苍松劲柏，在清风吹拂时有松涛阵阵，所以称为万壑松风。

避暑山庄万壑松风殿

避暑山庄松鹤斋殿

松鹤斋殿是避暑山庄松鹤斋宫殿群的主殿，面阔七开间，中央三开间安装朱红隔扇门，两侧的四个开间辟有方窗。殿顶为单檐卷棚式，覆灰色筒瓦。匾额"松鹤斋"为乾隆皇帝所题，后来嘉庆皇帝又重题为"含辉堂"。松鹤斋宫殿群是乾隆为他的母亲孝圣宪皇太后所建的颐养之所，因为松、鹤都是长寿之物，所以将宫殿题名为"松鹤斋"，以祝其母能健康长寿。

避暑山庄松鹤斋殿

避暑山庄继德堂殿

继德堂殿在避暑山庄松鹤斋殿之后，建筑规模与松鹤斋殿相仿，也是七开间的面阔，中央三开间安装木质隔扇门，其余四间辟有窗，殿顶为单檐卷棚式。不过，继德堂殿从外观上看，更为素雅，因为它除了灰色的筒瓦屋顶外，木质的隔扇门近似铜色，在白色台基和黑色对联的映衬下，显得非常雅致。

避暑山庄继德堂殿

避暑山庄无暑清凉殿

避暑山庄无暑清凉殿

无暑清凉殿是避暑山庄湖区如意洲岛上南端的一座三进院落的门殿。殿的面阔为五开间，前带廊。因为这里四面环水，又有绿树成荫，所以即使是在炎热的夏季，此处也很凉爽，康熙皇帝题名"无暑清凉"。

亭

亭

亭是中国极富特色的一种建筑形式，式样丰富，造型多变，尤其是亭子的屋顶形式，使亭子造型产生诸多变化。亭子在早期的时候，根据作用的不同建筑在不同的地方，如路边的路亭、凉亭，山中的观景亭，驿站的驿亭等，后来逐渐发展，更多地被运用到园林之中，成为园林重要的建筑景观与观景建筑。中国现存的园林，上至皇家大型苑囿，小至私家宅后小园，园内都有很多小亭，并且造型不一，灵活多变。

圆亭

圆亭

圆亭也就是平面为圆形的亭子，一般来说，平面为圆形的亭子，它的顶式也多为圆形攒尖顶，上下呼应。圆亭的造型简单而精巧，在中国众多造型的亭子当中，是最为普通、常见的一种亭子形式。

方亭

方亭

方亭也就是平面为方形的亭子，方亭又分为正方亭和长方亭两种，在这两种亭式中，正方亭较为常见，而长方亭相对少见。不论是正方亭还是长方亭，其亭顶形式一般与圆亭不同，很少使用圆形攒尖顶，而是多用方形攒尖顶。除了攒尖顶之外，还有很多方亭使用歇山顶、悬山顶、硬山顶或十字顶等形式，屋顶样式变化比圆亭多一些。

十字亭

十字亭是平面呈十字形的亭子，十字亭多是中心建有一主亭，四面出小型抱厦的形式，这样的亭子，往往是抱厦顶与中心主亭的屋顶相结合，形成一个十字形，或者直接建成十字脊式屋顶。因此，十字亭的整体造型比一般的亭子更为丰富，又富有变化与动感。

十字亭

半山亭

半山亭

半山亭也就是半亭，虽然它也是一种亭子，但造型是一座亭子的一半，并不是完整的亭子。半山亭因为只有一半的亭子的形式，所以往往需要有一定的依附才能稳定地存在，这种依靠可以是墙，可以是房屋，还可以是山石。建造半山亭比完整的亭子能更好地节约空间，但同样能丰富建筑景观。

重檐亭

重檐亭

亭子造型追求的就是小巧玲珑、活泼多姿，尤其是园林中的小亭，是丰富园林景观的重要构件，所以更以小而精巧著称。但是，有时候为了具体情况的需要，园林中也会建筑一些体量较大的亭子或是重檐亭。重檐亭就是带有双重檐顶的亭子，重檐亭在精巧的基础上又添一份稳重感。

鸳鸯亭

双亭

双亭也就是两亭相连而成一亭的形式，也就是鸳鸯亭。

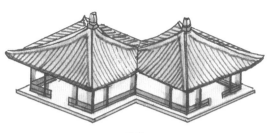

双亭

流杯亭

流杯亭是亭子的一种，但它并不是针对亭子的外观造型而言，而是从亭子的作用或者说是从亭子内部的特殊设置而言。流杯亭内部地面上特别凿有一条弯曲的水槽，可以流水，就相当于古代文士曲水流觞的曲水一样，酒杯可以从水面流过。这是一种对传统文人雅集活动的追慕，即为了实现这样一种追求高雅活动的想法而将之缩小在一座小亭内。

流杯亭

鸳鸯亭

鸳鸯是一种成对生活、形影不离的水鸟，常被比喻做夫妻。因此，鸳鸯亭也就是紧密相连的两座亭子。鸳鸯亭在建造上比一般的亭子更为复杂，因此它的实例并不是很多，北京颐和园内万寿山东麓的荟亭即是一座鸳鸯亭。

六角亭

八角亭

六角亭

六角亭是平面为六角形的亭子。六角形平面的亭子，其顶式一般也是六角攒尖顶。六角亭是比较常见的亭子造型之一。

八角亭

八角亭就是平面为八角形的亭子，八角形平面的亭子与六角亭一样，其顶式也多相应地建成八角形。八角亭也是较为常见的一种亭子造型，并且多数为较大型的亭子的形式。

扇形亭

扇形亭

扇形亭就是平面为扇形的亭子，扇形亭子的顶式也是与平面对应的，多为扇形。扇形亭子的体量大多较小，所以比一般的亭子更有变化、更显精巧。不过，扇形亭的实例并不是很多，北京北海内的延南薰就是一座精美的扇形亭。

桥亭

桥亭是建在桥面上的亭子。园林需有山有水才能产生富有自然气息的美妙景观，园林水多为池水，为了丰富池面景观，往往会在水上建桥，宽处水面建曲桥，窄处水面建拱桥。为了突出水面上的桥，或是为了营造水面上的一个突出的景观，园林池面小桥上还多建有亭，即称为桥亭。立于桥亭处，可以更好地观赏四面景致，又能防止日晒雨淋，桥亭内还可以设置坐凳栏杆，以便在游玩之余作片刻的小憩。

桥亭

碑亭

碑亭是放置石碑的亭子。碑亭的主要作用是保护石碑，所以一般建得比较严实，大多使用砖墙围护。碑亭大多建在陵墓中，园林中的碑亭较为少见，私家园林和皇家园林都很少有碑亭实例，倒是一些著名的景观园林中有一些碑亭，比如，浙江绍兴的兰亭园林内，就有御碑亭、兰亭碑亭、鹅池碑亭等数座碑亭。园林内的碑亭并不都像陵墓碑亭那样封闭，有很多还是四面开敞形式，尽显园林建筑的轻巧、灵活。

碑亭

拙政园天泉亭

拙政园天泉亭位于园子东区偏东北位置，与水池东端的芙蓉榭相距不远。天泉亭是一座重檐攒尖顶的高亭，平面八角形。亭子的上层檐略小，下层檐稍大，底层是台基，整体造型稳重，但檐角飞翘，又使之带有一丝灵动秀美之气。天泉亭的得名来源于亭中的一口井，井水终年不竭，而且甘甜清冽，所以称天泉。

拙政园天泉亭

155

拙政园松风亭

拙政园松风亭

拙政园松风亭位于园子中部景区的南部，在小飞虹与小沧浪之间，临水而建，下以石柱支撑，底部架空以通流水。小亭平面方形，四角攒尖顶，设木质冰裂纹隔扇窗，下有一截粉白的墙体，推开木质隔扇窗，既可俯观水中游鱼，又能远眺园中山石、建筑景观。小亭临水一面亭檐下挂有"松风水阁"横匾，是一座以阁为名的小亭。

拙政园得真亭

拙政园得真亭

得真亭也在拙政园中部景区的西南，距离松风亭不远。"得真亭"之名取自晋代左思诗句"竹柏得其真"。亭有康有为所书对联："松柏有本性，金石见盟心。"联间置有大镜一面，可以映照对面景致，亦真亦幻。

拙政园笠亭

拙政园笠亭

拙政园笠亭建于园子西区土山上，距离临池的与谁同坐轩不远。笠亭平面为圆形，顶也为圆形攒尖顶，造型圆润小巧，特别是亭顶，有如圆形的斗笠，所以称笠亭。亭檐下只立有五根木柱，不设隔扇，也不砌墙体，只底部有一圈粉白矮栏，空间通透开敞，让这座小巧的亭子更显简单、明快、玲珑剔透。

拙政园嘉实亭

拙政园嘉实亭

嘉实亭在拙政园中部景区的东南角，玲珑馆的南面。亭为方形攒尖顶，因为亭子的周围植有许多枇杷树，枇杷成熟季节果实累累，所以取黄庭坚诗句"红梅有嘉实"而将之命名为"嘉实亭"。亭上有分别取自陶渊明和左思诗句的对联："春秋多佳日，山水有清音。"

拙政园绣绮亭

拙政园绣绮亭

绣绮亭也在拙政园中部景区的东南，只不过它是在玲珑馆的北面，远香堂的东侧，距离中心水池又不太远，并且是建在假山顶上，地势非常突出。小亭的平面为长方形，三开间，单檐卷棚歇山顶。小亭用柱粗大，柱间设有靠背栏杆，可以停坐休息。于亭中观景，园中山石、池水、建筑多可入眼，景色绮丽，所以取杜甫诗"绮绣相展转，琳琅愈青荧"，将亭命名为"绣绮"。

拙政园倚虹亭

拙政园倚虹亭

拙政园倚虹亭位于园子中部与东部景区之间，贴着复廊西侧而建，它是倚着复廊的一座半亭，正面对着中部园区池水。因为小亭所倚长廊有如长虹横卧，所以亭名称作"倚虹"。倚虹亭的亭体小巧精致，前有垂花柱，有如垂花门一般。同时，这里也确实是东部和中部景区的一个重要的相通口，站在亭前又能远望北寺塔景观，是极巧妙的借景。无论从哪一方面来看，这座小亭的安排都离不开一个"巧"字。

拙政园绿漪亭

拙政园绿漪亭

拙政园绿漪亭在园子中部水池的东北角，位置也极突出。亭子平面为正方形，四面设有靠背栏杆，前面留有一个出入口。亭子的上部为四角攒尖顶，屋顶坡度较为平缓，而檐脊飞翘，曲线柔美而灵动精巧，将江南园林小亭的美感发挥到了极致。"绿漪"之名取自《诗经》中的诗句"绿竹猗猗"，亭北植有翠竹丛丛，正与亭名相应。亭南还有芦苇荻花，又具有一种乡间溪河景观的味道。

拙政园待霜亭

拙政园待霜亭

拙政园中部水池内有两座小岛，其中位于东面的小岛，山势较为高耸，上面建有一座六角形的小亭，名为待霜亭。"待霜"之名取自于诗句"洞庭须待满林霜"，诗中描绘了苏州洞庭东西山在霜后满树黄橘变红的美景，而待霜亭边原来也植有橘树数十株。待霜亭景致自然清幽，安排独具匠心。

拙政园雪香云蔚亭

拙政园雪香云蔚亭

拙政园中部水池内西边的一岛较大，但岛上地势相对平缓，上面建有平面呈长方形的雪香云蔚亭，单檐卷棚歇山顶。因为亭旁曾植梅数枝，冬雪飘零时梅花盛放，便有暗香飘散，所以谓之"雪香"，而"云蔚"则是指亭边树木茂密、繁盛。亭内悬有"山花野鸟之间"匾额，并有文徵明所书行草对联："蝉噪林愈静，鸟鸣山更幽。"

拙政园荷风四面亭

拙政园荷风四面亭建于中部园区水池之上，因为池中有荷花繁盛，所以额题"荷风四面"。荷风四面亭是单檐六角攒尖顶小亭，亭檐高翘，亭下四面开敞通透，体态轻盈。坐在亭中，可以欣赏碧荷红莲、垂柳拂岸，并且随着阵阵清风还有沁人的荷香送入鼻中，真是"柳浪接双桥，荷风来四面"，令人心醉。荷风四面亭四面环水，有两座曲桥分别通向倚玉轩和柳阴路曲，还有一条山径可以通向雪香云蔚亭，因此它是中部园区的中心景观，也是南北景区重要的连接点。

拙政园荷风四面亭

拙政园梧竹幽居

拙政园梧竹幽居

梧竹幽居位于拙政园中部景区的东北角，建筑形式非常特别。"梧竹幽居"之名是因亭旁植有梧桐和翠竹而得。亭子的平面为方形，四角攒尖顶，亭子下面是白色的墙体，外围还有一圈矮栏。这座亭子的特别之处，就是墙体上四面均辟有一个圆形洞门，这样既不妨碍四面观景，又与众不同，别致独特。亭内有对联："爽借清风明借月，动观流水静观山"，写出了这里幽美意境和如画景致。

拙政园宜两亭

拙政园宜两亭建在园子西区靠近中区的地方，由中区向西过别有洞天月洞门后，向南即为宜两亭。小亭建在假山之上，登亭可以观赏中部园区景观，而在西区也能将小亭纳入成为借景，所以称为"宜两亭"。小亭平面六角形，上为六角攒尖顶，亭体四面安装冰梅纹隔扇，雅致轻巧、空灵明净。

拙政园宜两亭

拙政园塔影亭

拙政园塔影亭

拙政园塔影亭位于园子西区南部、池水的东侧，完全建在水上，下部以乱石支撑，东侧以平桥连接池岸。小亭平面为八角形，顶为八角攒尖式，亭体四面隔扇，外围四面靠背栏杆。隔扇上面的棂格图案以八角形几何纹为主，与亭子的平面相互呼应。小亭形体玲珑精巧，倒映在池水中，宛如一座小型的宝塔，所以称为塔影亭。

留园可亭

留园可亭建在园子中部池水西北岸的假山之上，亭子的平面为六角形，顶为六角攒尖式，六条飞脊灵动飞翘有如鸟儿展翅。亭檐下有万字纹的挂落楣子，再往下却只有六根亭柱，别无其他遮挡，因此亭子的空间通透开敞，更显轻灵。小亭内有六角形石桌一方，是由珍贵的石中上品灵璧石制成。可亭不但是游人休憩、观景的好场所，还与池南的涵碧山房互为对景，形成园林绝妙景观。

留园可亭

留园濠濮亭

留园濠濮亭建在园子中部水池的东岸，几乎全部架设于水上，三面临水，一面连着石岸，亭下各角以乱石为柱支撑亭身。小亭平面方形，单檐歇山卷棚顶，亭身周围只立四根亭柱，下有一截矮石栏可以坐息，空间比较开敞，便于观赏四面景致，更可俯视水中游鱼。亭名"濠濮"来自于庄子、惠子濠上观鱼的典故。庄子曰："鲦（鲦）鱼出游从容，是鱼之乐也。"惠子曰："子非鱼，安知鱼之乐？"庄子曰："子非我，安知我不知鱼之乐？"

留园濠濮亭

留园冠云亭

留园冠云亭与冠云楼、冠云台等建筑一样，都是为了品赏、衬托冠云峰而建，所以亭以峰名。冠云亭为六角攒尖顶，顶面覆盖灰色筒瓦，顶部装饰有泥塑如意和橘子，表示吉利、如意。亭子下部的台基半隐在湖石假山之中，中有蹬道通向冠云楼，亭中曾有对联："飞来乍讶从灵鹫，下拜何妨学米颠"，恰当地写出了小亭的环境与情境。

留园冠云亭

网师园月到风来亭

网师园月到风来亭

网师园月到风来亭建在园子中心水池的西岸，三面临水，一面与曲廊相接处辟一门，由此门就可进出小亭。月到风来亭的檐角飞卷，亭柱细长轻巧，亭座为碎石搭建，亭为六角攒尖顶，亭下立柱，柱下周圈设美人靠。坐在亭中，间有清风徐来，又可赏水中清波荡漾。小亭和濯缨水阁以曲廊连接，俨然一体，形式优美异常。

留园佳晴喜雨快雪之亭

留园佳晴喜雨快雪之亭位于冠云峰庭院的西面，通过冠云台西侧的门洞，即能到达佳晴喜雨快雪之亭。亭名中的"晴、雨、雪"都是自然气象，加上前面的"佳、喜、快"，表现了园主对三种自然现象的喜爱，也反映了在这座小亭中观赏不同时节出现的自然现象都是非常适宜美妙的。同时，佳晴、喜雨、快雪这三种天气，恰到好处，会对小园中的花木生长有着非常重要的意义。

留园佳晴喜雨快雪之亭

网师园冷泉亭

在网师园殿春簃西南假山之中，依墙建有一座亭角翼然的小亭，这就是冷泉亭。因为亭旁有泉水清冽的涵碧泉，所以借用杭州灵隐寺飞来峰下的冷泉亭之名。网师园这座冷泉亭为四角攒尖顶，亭下一面依墙，一面在两角立两柱，柱下左右设美人靠。冷泉亭内立有一块高近1.7米的灵璧石，如苍鹰展翅，颜色乌黑，叩之声如玉，属石中极品。亭因泉而名，更因石而名。

网师园冷泉亭

狮子林真趣亭

真趣亭建在狮子林水池西北岸，单檐卷棚歇山顶。亭子一面依墙，三面空敞，空敞的三面设有美人靠，游人可以坐息凭栏望水看山赏景。真趣亭的装饰非常精美细致：梁枋下雕刻有凤穿牡丹纹、卷草纹，亭柱上部和美人靠上都嵌雕小狮子，这些雕刻全部漆金，金碧辉煌。亭下石基一侧，正倚着一峰山石，山石玲珑剔透，优美多姿，虽是叠于岸边却又临于水上，与小亭相互映照。

狮子林真趣亭

狮子林飞瀑亭

暗香疏影楼南不远有一卷棚顶方亭，名为"飞瀑亭"。亭内贴廊一面为四扇隔扇，上刻《飞瀑亭记》和四季花卉浮雕，其余三面敞开。亭南有瀑布流泉自山顶而下，景观优美。人在亭中可以观赏瀑布，更能倾听瀑布之声，感受流水的潺潺不断，有如优雅清灵的古琴声，让人心澈神明。同时，亭与瀑组合更是园林中优美绝妙的景观，这样的景观是苏州古典园林中唯一一例，富有自然山林之态。

狮子林飞瀑亭

狮子林湖心亭

狮子林池水中心曲桥上建有一座六角攒尖顶的小亭，这就是湖心亭，亭顶高耸，脊端飞翘，亭面覆黑色筒瓦，细雨冲刷过后更是黑亮如新。湖心亭的亭柱上有一副对联："晓风柳岸春先到，夏日荷花午不知"，意思是说池岸最先知道春的消息，而池荷的幽香让人在夏日的午时也感觉不到酷暑。湖心亭占据着池水的中心位置，如果游人沿池绕行观赏湖面景致，小亭始终是人们视线的焦点。

狮子林湖心亭

沧浪亭仰止亭

沧浪亭仰止亭

沧浪亭仰止亭建在五百名贤祠的南面，它是一座半亭，亭体依廊而建，亭为攒尖顶。小亭空间开敞，只有亭柱支撑顶部，前方两根亭柱上悬有对联一副："未知明年在何处，不可一日无此君。"亭名"仰止"取自《诗经》中"高山仰止，景行行止"之句，表示对德高君子的敬仰之意。小亭内壁嵌有《沧浪亭五老图咏并序》和《七友图并记》等石刻。

沧浪亭御碑亭

沧浪亭御碑亭

沧浪亭真山林石山的西麓有一座半亭，它是康熙五十八年（公元1719年），康熙帝南巡时所建立。亭中有康熙御书碑文石刻诗，诗云："曾记临吴十二年，文风人杰并堪传。予怀常念穷黎困，勉尔勤箴官吏贤。"诗中描写的是康熙再次来到吴地时的感受。这座半亭内因为放置有皇帝御书碑文的石碑，所以就称为御碑亭。

沧浪亭园中的沧浪亭

沧浪亭园中的沧浪亭

沧浪亭园中的主要建筑名字也为沧浪亭，沧浪亭名出自《楚辞·渔父》："沧浪之水清兮，可以濯吾缨，沧浪之水浊兮，可以濯吾足。"沧浪亭平面为方形，上为单檐卷棚歇山顶，檐下设斗拱，建筑较为精致考究。亭子四周林木葱郁，树荫蔽日，山石间蔓草丛生，更有曲径盘回，景致优美，环境清幽。亭内置有石桌、圆凳可以坐息。亭上对联"清风明月本无价，近水远山皆有情"分别出自欧阳修和苏舜钦的诗。

怡园螺髻亭

怡园螺髻亭

怡园中心水池的西北部是园内的假山主景，山上湖石千姿百态，山顶即建有螺髻亭作为收顶建筑。螺髻亭在慈云洞顶石山的最高处，因山貌如螺，沿山盘旋而上即可到达小亭，故将亭命名为"螺髻"，二字又对应苏轼诗句："乱峰螺髻出，绝涧阵云崩。"螺髻亭为六角攒尖顶，亭体非常小巧。

怡园南雪亭

怡园南雪亭

怡园南雪亭建在复廊的南端，位处中心水池的东南角，因为这里多种梅树，所以取杜甫诗句"南雪不到地，青崖沾未消"中的"南雪"为名。亭上有"南雪亭"匾额，额旁有跋文，记叙了园主人建亭与称亭为"南雪"的因由，乃是学古人邀友饮丁梅花树下的雅事。这从亭中的对联也能看出来："高会惜分阴为我弄梅花细写茶经煮香雪，长歌自深酌请君置酒醉扶怪石看飞泉。"

怡园四时潇洒亭

怡园四时潇洒亭

怡园四时潇洒亭在园子的东北部，由玉延亭处沿着曲廊前行，不远即可到达四时潇洒亭，它是一座依建在曲廊上的半亭，卷棚歇山顶。这座小亭因"竹"而名，亭在竹旁，所以取《宣和画谱》中"宋宗室令庇，善画墨竹，凡落笔，潇洒可爱"中的"潇洒"二字为名。亭子内一面设粉墙，墙上开设圆洞门，门上题额"隔尘"，有超凡脱俗之意味。

怡园玉延亭

怡园金粟亭

怡园小沧浪亭

怡园玉延亭

玉延亭位于怡园东部,进入东边的园门,循曲廊,绕竹林,南行不远即到玉延亭。它是一座依建在廊上的半亭。玉延亭内设有半圆形石桌一个、石凳两个,石桌上方墙面有石刻对联:"静坐参众妙,清潭适我情",简单而有意味。对联上方、亭子的后檐悬有"玉延亭"匾,并有跋文。以"玉延"为名,表示主人以竹为友清高不俗,竹子有主人做伴也不会感到孤单,这对应了院内修竹、山石景观,翠竹一丛,生机勃勃,假山后掩,若隐若现。

怡园金粟亭

金粟亭在怡园中心水池的东岸,小亭平面四方形,石制方柱、石砌栏杆、石砌基座,亭中又摆放有石桌、石凳。坐在小亭中,只见四面桂树葱郁,浓荫翳日,金秋时节更有桂花飘香,令人心醉。这也是亭名"金粟"的由来,因为"金粟"正是桂花的别称。金粟亭中有"云外筑婆娑",讲的正是桂树弄影景象。亭联为:"芳桂散余香亭上笙歌记相逢金粟如来蕊宫仙子,天峰飞堕地眼前突兀最好似蜂房万点石髓千年。"

怡园小沧浪亭

怡园小沧浪亭是座六角攒尖顶小亭,亭体通透开敞,亭有匾额"小沧浪",亭柱有对联:"竹月漫当局,松风如在弦。"小沧浪亭名与沧浪亭中的沧浪之名一样,出自《楚辞·渔父》。小亭北立有三石,状如屏风,石上刻有"屏风三叠",石与亭名中的"沧浪"正相互映照,所谓山水俱全。

环秀山庄问泉亭

环秀山庄问泉亭

环秀山庄问泉亭位于园子中部偏西位置，正建在园中水池之上，四面临水，北面与西面有平桥分别连通补秋山房和楼廊。小亭的下面是粉白砖石亭基，亭基上缘设有万字纹靠背栏杆，方便停坐休憩。问泉亭的平面为四方形，顶为单檐卷棚歇山式，檐角飞翘，形态稳重而又兼具轻灵之气。亭内檐悬有"问泉"匾，亭柱上有对联一副"小亭结竹流青眼，卧榻清风满白头。"

虎丘三泉亭

虎丘三泉亭

在虎丘山千人石的西北部，有一个长形的水池，池子四面石壁高悬，陡峭如削，池上建亭。此水被誉为天下第三泉，故此水上小亭便称为三泉亭。三泉亭为方形平面，上为四角攒尖顶，顶面覆盖灰色小青瓦。亭下以四根粗大的方柱作为支撑，柱间设有靠背栏杆，游人赏玩之余可以在此休息片刻。

虎丘山小亭

虎丘山小亭

苏州虎丘山上有许多小亭，形态各异，位置高低也各有不同，这是一座四角攒尖顶的小亭，屋顶覆盖黑色筒瓦，顶立瓶式宝顶，飞翘的亭檐下立有四根方形石柱，下为高大的石砌台基，台基四面均有石阶可以上下。小亭形态小巧玲珑，秀美轻灵。

虎丘真娘墓碑亭

虎丘真娘墓碑亭

虎丘真娘墓是为纪念一位性格贞烈的苏州歌妓真娘而建，墓的外观是一座轻巧的小亭，单檐卷棚歇山顶，前部立两根柱子，后部是一面实墙体，墙上嵌有两方"古真娘墓"石碑，一为原碑，一为重修碑。这座小亭建在高起的乱石台上，石台前部的一块石头上刻着"香魂"二字，以再次表明这里是一位女子的墓。

虎丘孙武子亭

虎丘孙武子亭

孙武子亭是为了纪念春秋时期的名将孙武而建。孙武子亭位于千人石东南的土丘之上，距离虎丘山中部直达千人石的上山路不远。这是一座八角攒尖顶的亭子，亭子四面立圆柱，亭内立有一方石碑，上刻张爱萍将军的题词："孙子兵法，克敌制胜；娇娘习武，佳话流传。"碑头雕刻宝剑兵书。石碑的上部配有横匾，额题"孙武子亭"，也是张爱萍将军所书。

虎丘巢云廊碑亭

虎丘巢云廊碑亭

虎丘巢云廊碑亭是一座放置石碑的亭子，它建在巢云廊之上，半边亭檐依廊而立。亭为单檐歇山卷棚顶，檐角飞翘。亭体下立四柱，后两柱半嵌入廊墙，前两柱间没有任何设置，完全对外开敞，但侧面两柱间则设矮栏，柱间上部均设挂落楣子。亭子依廊的一面即以廊墙作为亭墙，墙面上嵌一方石碑。

虎丘御碑亭

虎丘御碑亭

在虎丘山虎丘塔的东北角，有一座单檐歇山顶的碑亭，碑亭的正脊装饰非常华美。正脊两端各竖立一只鳌鱼吻兽，正脊的侧面用砖砌出一个倒置的梯形，梯形内边用小而薄的瓦片砌出漏空的花形，它们的中间又是一个倒梯形，表面刻有卷草花纹，花形写实生动。在梯形外侧下角还雕有狮子戏绣球图案，非常精彩。这座碑亭的装饰之所以如此不凡，因为它是一座御碑亭，亭内所置石碑为清代的康熙、乾隆两位皇帝御制碑。御碑共有三块，上面刻有两位皇帝游虎丘后写下的诗文。

拥翠山庄问泉亭

拥翠山庄问泉亭

拥翠山庄是虎丘山的园中小园，问泉亭是拥翠山庄中的一座非常重要的建筑，建在拥翠山庄的中部。亭子的平面为方形，上为单檐卷棚歇山顶。亭子有三面开敞，只有一面为粉白墙体，就是这一面墙体上还开设有一个大的窗洞，窗洞的上面悬有一块"问泉亭"横匾。亭子的前部两角各立一根木柱，柱上有联："雁塔影标霄汉表，鲸钟声度石泉间。"柱下立有矮栏，栏上有漏空美妙的海棠纹小洞。

晋祠难老泉亭

晋祠难老泉亭

晋祠难老泉俗称南海眼，是晋祠三绝之一，因为泉水清冽如玉又长流不息，所以取《诗经》中"永锡难老"中"难老"为名。北齐天保年间于泉上建亭，即名难老泉亭，亭为八角攒尖顶。现存亭为明代嘉靖年间重建，但间架结构部分保持了重建前的风格，亭内悬有众多匾额，如"奕世长清""晋阳第一泉"，特别是清初傅山所题"难老"二字最为人称道。

晋祠善利泉亭

晋祠善利泉亭

晋祠善利泉俗称北海眼，与难老泉南北相对，泉上也建有小亭一座，即为善利泉亭。善利泉亭与难老泉亭的建筑年代相同，大小、结构、外观式样也都相差无几：平面八角形，四面通透，顶为八角攒尖式，整体形态稳重大方又轻盈灵巧。亭内悬有"善利"匾额，其名出自《老子》中"上善若水，水善利万物而不争"之句。

晋祠不系舟

晋祠不系舟

晋祠不系舟距离真趣亭不远，是一座形象优美、造型精巧的小亭，亭顶为卷棚歇山式，线条柔美，非常可爱，亭檐下立柱、设矮栏，基座则是近似矩形的船形，所以称为"舟"。"不系舟"之名出自《庄子》中"饱食而遨游，泛若不系之舟"之句。亭上前檐悬有"不系舟"匾。登舟四望，透过枝叶婆娑的古木花草可以见到亭台楼阁的红墙碧瓦，它们相互映衬，形成美妙的景观。又可见到难老泉水喷涌，如玉似珠，更显幽然气氛。

晋祠真趣亭

晋祠真趣亭在渔沼飞梁西南不远处，亭为单檐歇山顶，而不是常见的攒尖式。小亭四面开敞，四面枋额上均有匾额题字，正面为"真趣亭"匾，背面为"清潭写翠"匾，东西分别为"迓旭""挹爽"匾。除了匾额之外，还有许多佳联妙律，如，"此处饶山水兴趣，到处皆水面文章""澄清水漾晋源头，秀雅空亭孰创修。旅长矛先欣指示，绅耆嗣后苦图谋。当年竟把洋蚨募，此日因将纪念留。真趣情形才写出，令人较胜古人游"。亭下有上古高士许由洗耳的泉洞。

晋祠真趣亭

北京故宫御花园御景亭

北京故宫御花园御景亭

御景亭是北京故宫御花园内的最高点之一，它建在堆秀山之上，位于御花园东路的北端，也就是故宫神武门内东侧。御景亭的平面为方形，上为四角攒尖顶，覆绿琉璃瓦带黄色剪边。亭体四面安装隔扇，亭内设有宝座，每年的重阳节帝后们便在这里登高观景。亭下山石上有盘山道可以上达小亭，山内还有洞壑，山间有流泉喷射，形成了自然趣味浓烈的美妙景观，令人流连。

北京故宫御花园浮碧亭

北京故宫御花园浮碧亭

在北京故宫御花园东路建筑的北部，摛藻堂的南面有一方形小水池，池上建有一座名为浮碧的亭子。浮碧亭的大小为三开间，方形，顶为攒尖式，顶覆绿琉璃瓦黄剪边，亭内有双龙戏珠八方藻井。主体方亭的前方还建有一座抱厦，单檐卷棚悬山顶，覆瓦与主体方亭相同。亭体四面开敞，立于亭中可以较好地观赏四面园景，而俯视则可以观赏池中游鱼的灵敏身姿。

北京故宫御花园澄瑞亭

北京故宫御花园澄瑞亭

澄瑞亭与浮碧亭相对，建在故宫御花园西路的北部，亭子的造型、装饰设置与浮碧亭几乎相同，也是四角攒尖顶的主亭，前带卷棚悬山顶的抱厦，亭建池上，临水映照，别具风情。水中有锦鲤游戏，还植有睡莲，是鱼儿歇息、躲藏之处。让人不由想起那首《乐府》诗："江南可采莲，莲叶何田田。鱼戏莲叶间，鱼戏莲叶西，鱼戏莲叶东，鱼戏莲叶南，鱼戏莲叶北。"

北京故宫御花园万春亭

北京故宫御花园万春亭

北京故宫御花园万春亭在园内东路的中心位置，是东路最重要的一座亭式建筑，它建于明代嘉靖十五年（公元 1536 年），据说是供佛的地方。万春亭的平面为四方形，三开间，四面明间各凸出歇山抱厦一间。亭子上为重檐，上檐是圆形，下檐方形，象征天圆地方，顶为攒尖式。亭体四面装红色隔扇门窗，隔心都是最高等级的菱花图案，具有明显的皇家建筑特点。

北京故宫御花园千秋亭

北京故宫御花园千秋亭

北京故宫御花园千秋亭建在园子西路中心位置，正与万春亭相对应，据说是供关公像的地方。千秋亭与万春亭同时修建，形式也与万春亭相仿，也是三间四柱、四面出抱厦的方亭，亭顶是上圆下方的重檐形式，宝顶都带有伞状宝盖，顶部立有宝瓶状琉璃宝顶。千秋亭内为盘龙穿花围团凤纹圆形藻井。亭子装饰富丽、华美而又极有生气。虽然千秋亭与万春亭形制相仿，宝顶也相似，但还是略有差别：千秋亭宝顶上没宝瓶外面的火焰纹。

北京故宫御花园井亭

北京故宫御花园井亭

北京故宫御花园内中部东西，即万春亭和千秋亭的前方各有井亭一座，两座井亭的形体都非常小，形体可爱。井亭的平面均为四方形，每角各立有一柱，亭的四周围有石雕望柱栏杆。小亭的顶部造型非常别致，亭檐为八角形，而在八角亭檐的八条垂脊上端均有合角吻兽，使小亭的顶部又形成一个由短脊围成的平顶，其实这样的顶式也就是盝顶。井亭顶面覆黄色琉璃筒瓦，吻兽也是琉璃制，檐下额枋则绘有精美彩画，装饰非常精致，像它的造型一样不俗。

北京故宫御花园四神祠

北京故宫御花园四神祠

北京故宫御花园四神祠，虽然名为祠，实际上却是一座八角攒尖顶的亭式建筑，四周带回廊，廊内装朱红隔扇，通透而华丽。主体建筑的前方带有一歇山卷棚顶的抱厦，檐下只立有圆柱，空间开敞。抱厦柱下栏杆与主体建筑部分的栏杆相连，形式也一致，将原本就相连的两者更成为紧密的一体。因为亭内供奉的是"风、雨、雷、电"四位神仙的塑像，所以称为"四神祠"。

北京故宫御花园玉翠亭

北京故宫御花园玉翠亭

在北京故宫御花园的东北角和西北角，即挨着位育斋的西面和摛藻堂的东面，也各有一亭，两者相对而设，形式也差不多。其中位于位育斋西面的即为玉翠亭。玉翠亭的体量不像千秋亭等亭子一样高大，而是较为小巧；亭子的形式也不像其他亭子那样复杂，而是较为简单，平面方形，四角攒尖顶，顶部立有鎏金宝顶。小亭的屋面不是完全的黄色琉璃瓦，而是黄、绿琉璃瓦相间铺设，这样的设置让亭面色彩看起来有些"花"，但是却很活泼。

乾隆花园耸秀亭

乾隆花园撷芳亭

乾隆花园耸秀亭

乾隆花园耸秀亭也建在假山之上，不过，它位于第三进院落内。亭为单檐四角攒尖式，绿琉璃瓦黄剪边，顶部中心立方形宝顶，宝顶表面雕饰有柔美的卷草纹。亭体为方形，四角立柱也为方形，看起来比较踏实稳重。亭子的正面檐下悬有"耸秀亭"匾额。耸秀亭虽然只是一座小亭，但却是园子构图的佳妙之点，因为乾隆花园的景观轴线是以它为界的，即在亭的前部，园子的轴线略为偏西，而在亭子的后部，园子的轴线又略为偏东，堪称造园的经典之笔。

乾隆花园撷芳亭

乾隆花园内的东南角，堆叠有假山一座，假山上面建有一座平面方形的小亭，名为"撷芳亭"。小亭为四角攒尖顶，顶面覆盖筒瓦，中立圆形宝顶，亭下四角各立一根方柱，柱下为石砌台基。整个小亭形态小巧独立，又轻盈开敞，高耸在假山上，更显俏立动人。撷芳亭高出南面围墙之上，丰富了围墙转角处的轮廓线，增加了花园的景观层次。同时，因为位置比较高敞，可以据此观赏园景，视野非常不错。

乾隆花园禊赏亭

在乾隆花园第一进院落的西面，即古华轩的前部西南位置，有一座造型奇特的亭子，名为禊赏亭。亭子面阔、进深均为三开间，正立面又出四柱支撑的，形如方亭的抱厦。四面出卷棚歇山顶，中央又凸起一个四角攒尖的亭子顶。主亭与抱厦均覆盖着黄色琉璃瓦，带绿剪边。主亭四面装饰隔扇，抱厦则三面开敞通透，只设立柱，同时在柱子之间上下装饰挂落与矮栏。主亭与抱厦连为一体，以东边面朝院内的抱厦为出口。此亭的最特别之处，就是在东面这间抱厦内，地面凿出迂回的流杯水槽（似"曲水流觞"），内有流水。

颐和园知春亭

颐和园知春亭位于昆明湖的东岸，距离文昌阁不远，是建在伸入湖中的平堤之上的方形小亭，重檐四角攒尖顶。亭旁岸边植有青青垂柳，临水拂风，掩映着知春亭，正表现出亭名中的"知春"之意。站在知春亭中，不但可以观赏佛香阁、昆明湖等颐和园园中景观，还可以远眺玉泉山，景致层次多，美如画，在垂柳轻拂中更生出一种缥缈朦胧的诗意。

北海五龙亭

在北京北海的北岸，临水建有五座亭子，因为整体气势如龙，所以称为五龙亭。五亭中间一亭名为龙泽亭，东面是澄祥亭、滋香亭，西面是湧瑞亭、浮翠亭。五亭中以中间的龙泽亭体量最为高大，也最为靠前，为重檐攒尖顶形式，上圆下方。龙泽亭两边的澄祥亭与湧瑞亭也为重檐攒尖顶形式，但两层均为方形顶。最后一组对应的滋香亭与浮翠亭则为单檐方亭其左右相互对应的亭子在形体、造型上相同，形成整体对称的建筑格局。五龙亭是帝后、近臣们垂钓、赏月之所。

北海枕峦亭

在北海小园静心斋内的叠翠楼旁，有一座建在假山之巅的小亭，名为枕峦亭。它是一座八角形的攒尖顶小亭，亭下立有八根红色圆柱，色彩鲜艳，空间通透，便于登临小憩，更利于观赏园景，间有清风徐来，令人怡然舒适。从上面俯视小亭的顶部，有如一朵盛开的莲花，非常优美，所以乾隆皇帝写诗赞曰："着个笠亭凖峚顶，祗疑莲朵涌珠宫。"

乾隆花园禊赏亭

颐和园知春亭

北海五龙亭

北海枕峦亭

乾隆花园碧螺亭

乾隆花园是一座由合院前后相延组成的内延宫苑，在它的第四进院落内，堆有高高的假山，山上建有一座形体精巧、装饰非凡的小亭，名为碧螺亭。碧螺亭的平面为五瓣梅花形，顶为白石砌筑的台基与矮栏，栏上立有五柱，柱上为五脊重檐圆形攒尖亭顶，顶部中心立有圆形宝顶。这座小亭的造型美观还在其次，最特别的是亭上的装饰，题材全部为梅花，如，宝顶饰冰裂梅花纹、檐下挂落为折枝梅花、石筑矮栏上也雕刻着梅花。

2 萃赏楼

萃赏楼是乾隆花园第三进院落的主体建筑，五开间，前后带廊，卷棚歇山顶，形体高大，因此在前后层叠的假山之中才能依然突出，显示出作为主要建筑的地位。

1 碧螺亭

以梅花为主要装饰纹样的碧螺亭，形体精巧，亭亭玉立。

4 养和精舍

养和精舍是乾隆花园中的一座书斋，和萃赏楼之间有游廊相连，后靠实墙。养和精舍的建筑平面比较特别，为曲尺形，南北走向的部分为三开间，东西走向的部分为五开间，前带走廊，与附近建筑相联相系。

3 假山

乾隆花园的假山分布面还是比较广的，大门内和古华轩旁、遂初堂院、符望阁院等处都有山石，并且山石各有姿态。这是符望阁前碧螺亭所在的山石，山形峭拔，内有山洞，上有曲折小道，几乎布满院落，又连着房屋，极具气势。

北海意远亭

北海意远亭

在北海琼华岛南坡上，白塔寺山门的两侧各有高台一座，台上分别建有一座开敞的小亭，东面台上亭子名为云依亭，西面台上亭子即为意远亭。亭为四角攒尖顶，空间通透，造型简单。亭子的位置险要，亭下有暗室与下面的楞伽窟婉转相通，形成一处幽然洞穴。登上高敞的小亭，可以感受"云气飘飘水气冲，凭栏遥揖两山峰"的绝美景致，极富诗情画意。

北海涤霭亭

北海涤霭亭

北海涤霭亭也称塔山四面记碑亭，因为亭内立有一块石碑，碑的四面分别刻有乾隆皇帝御制的《塔山南面记》《塔山北面记》《塔山东面记》和《塔山西面记》，分别记述了乾隆年间琼华岛四面的景致，以及乾隆皇帝对这些景致的观后感受。小亭为八角攒尖顶，顶面覆盖黄琉璃瓦绿剪边，亭体四面只立有八根红色圆柱，整体造型通透开敞、轻盈灵巧，而又稳重。

北海引胜亭

北海引胜亭

北海引胜亭与涤霭亭东西相对，一建在龙光紫照牌坊的东面，一建在其西面。位居东面的即为引胜亭。两亭位置相对，造型相仿，都是八角攒尖顶，只是引胜亭檐下悬的是"引胜"匾额。同时，引胜亭内虽然也立一石碑，但碑上刻文与涤霭亭也不尽相同。引胜亭内石碑上刻的是乾隆御制的《白塔山总记》，用满、汉、蒙、藏四种文字分别刻于碑的四面。

北海撷秀亭

北海撷秀亭

在北海琼华岛西北侧庆霄楼的后面是一座院落，有绿竹成片，摇曳生姿，院北围以半圆形的围墙。在这段围墙的中部建有一座小亭，名为撷秀亭，平面方形，四角攒尖顶。它是庆霄楼这一组建筑北端的焦点，有了这一座小亭，使被院墙围合的建筑群既独立又不与外面的景观完全隔绝，可以说是起到了一个过渡和连接作用。

北海慧日亭

北海慧日亭建在琼华岛东南坡的丛林中，具体位置在半月城智珠殿的南面，龙光紫照牌坊的东面，基本上处在两者延长线的垂直交汇处。慧日亭建于乾隆年间，重檐四角攒尖顶，顶部覆盖灰色筒瓦，亭子的正面朝南。小亭在山石密林的掩映之中，显得挺拔、秀丽而又稳重。

北海慧日亭

北海见春亭

北海见春亭位于琼岛春阴碑的上方，亭体精巧秀丽，风格简约质朴。亭子的平面为圆形，上为圆形攒尖顶，檐下立有八根圆柱，亭下略有几块参差山石映照。亭边有金代修建的古洞，名真如洞，与亭下山石相连成一片。山、亭与树木相倚，形成了此处幽然别致的景观。当年曾来此观景的乾隆皇帝即有诗曰："山亭何系人来往，八柱仍然见此春。"

北海见春亭

北海小昆丘亭

北海一壶天地亭

由北海延南薰东行，距离环碧楼不远有一小亭，名为"一壶天地"。亭子的西面接有三间过廊，其余各面或高或低地堆砌着零落的假山石。小亭为四角重檐攒尖顶，顶部立有砖雕宝顶，两层檐面上都覆盖灰色筒瓦。亭檐下面四角各立有一根较为粗壮的圆柱，与厚实的屋檐、粗大的亭脊结合，让小亭更显稳固、厚重，和一般轻盈灵动的小亭相比，较为特别。

北海团城镜澜亭

北海小昆丘亭

在北海琼华岛北坡中部的偏下位置，有一座形体简洁别致的小亭，这就是小昆丘亭。小亭建于乾隆十八年（公元1753年），坐落在太湖石台上。石台与小亭平面均是八边形，亭下立八根柱子，亭上为攒尖顶，覆盖灰色筒瓦，顶立砖雕宝顶。

北海一壶天地亭

北海团城镜澜亭

北海团城镜澜亭在团城上沁香亭的北侧，它建在一座用太湖石堆砌而成的假山之上。镜澜亭平面圆形，体量小巧，看上去非常可爱与精致。亭顶覆盖黄色琉璃筒瓦，顶立鎏金宝顶，亭檐下立红色圆柱，柱子上下分设挂落和栏杆，色彩明亮艳丽，尤其是在粗犷古朴的山石映衬下更为显著。这样精致的小亭对整个团城造景起到了画龙点睛的作用。

北海团城玉瓮亭

北海团城玉瓮亭

在北海团城承光殿的前方有一座小方亭，建于清代乾隆年间，因为它是为放置大玉瓮而建，所以称"玉瓮亭"。亭子的顶面盖瓦和亭体的上部墙面都是黄绿琉璃制，亭顶立鎏金宝顶，亭体下部青白石砌筑。亭内的玉瓮是元代时雕成，材料为整块墨玉，瓮身有海龙、海马、海螺等精美浮雕。元世祖忽必烈大宴文武百官时，用它来盛酒，所以它实际上也就是酒瓮，瓮内能储酒30余石。

北海团城沁香亭

北海团城沁香亭

北海团城沁香亭在馀清斋西边游廊外，与镜澜亭相距不远。如果通过馀清斋后面抱厦西侧的游廊，即可婉转到达沁香亭。亭子为四角重檐攒尖顶，平面方形，也是一个观赏北海景致的佳处，亭内置有石桌石凳。乾隆皇帝曾在诗中写过他于沁香亭中观景时的感受："台亭百步接回廊，液沼平陵号沁香。甲煎罢烧云锦缬，果然六月有春光。"写出了沁香亭所赏景致的神韵。

避暑山庄南山积雪亭

避暑山庄南山积雪亭

南山积雪亭是避暑山庄山区的重要景观之一，位于山区东北部的高峰之上，它是一座单檐攒尖顶的方形亭子，亭下四面均为双柱形式。"南山积雪"之名为康熙皇帝所题。因为如果冬天登上这个亭子，向南部的僧冠山等绵延的山脉望去，可以看见山上洁白如玉的积雪，景色壮美。

183

避暑山庄北枕双峰亭

避暑山庄北枕双峰亭

避暑山庄北枕双峰亭比南山积雪亭的位置更为偏于东北，并且建在一座更高的山峰之巅。北枕双峰亭也是一座方形单檐四角攒尖顶的小亭，亭下各面立有双排柱，与南山积雪亭在造型与位置上都呈对应之势。北枕双峰亭与南山积雪亭之间隔着一处重要的建筑景观，名为青枫绿屿，表达出了这一处景致的自然、幽静与美观。

避暑山庄水流云在

避暑山庄水流云在

在避暑山庄芳渚临流的北部、澄湖的北岸，有一座形体较大、造型也比较特别的亭子，名为水流云在，意思是水从此流过、云在上空飘浮，形成静中有动、动中有静的绝妙景观。这座亭子的体量较大，面阔三间，重檐攒尖顶。它的平面造型非常特别，在每一面都另建有一间抱厦，凸出于亭外，这样一来，上层有四个角，而下层则有十二个角，所以俗称"十六角亭"，为亭子中较少见的实例。

避暑山庄甫田丛樾

避暑山庄甫田丛樾

甫田丛樾位于避暑山庄澄湖的北岸，它是一座四角攒尖顶的方亭，亭下立有四根木质圆柱，空间开敞，造型简单，更兼亭顶采用灰瓦覆盖，整体风格比较朴素、淡雅，与避暑山庄整体的雅致色调相互呼应。当年康熙皇帝曾在这里特意辟了一块瓜田，还曾亲自参加田间劳动，所以称为"甫田"，也就是大田的意思。同时，周围又有成片的树荫，所以称为"丛樾"。

避暑山庄芳洲亭

避暑山庄芳洲亭建在金山岛上，位于岛的北角。小亭平面方形，四角攒尖顶，顶覆灰色筒瓦，色调古雅。亭下只立四柱，空间开敞。亭檐枋上悬有蓝底金字的"芳洲亭"横匾。小亭临水建在方正的石砌台基之上，后部与爬山廊相连，整体有如一条长龙，正探首饮湖水，气势绵延而壮观。金山岛是一座湖中洲岛，岛上又有芳草鲜花，所以将这座建在岛上又能观赏岛上景致的小亭，命名为"芳洲"。

避暑山庄芳洲亭

避暑山庄采菱渡

避暑山庄湖区的环碧岛上的北角，有一座圆形攒尖顶的小亭，亭面用茅草覆盖，非常古朴拙然。此亭名为采菱渡，因为亭子所面临的湖水澄澈，水中生长有菱叶、菱角，每到夏季时则有菱花幽香扑鼻。而宫女们则从草亭处乘舟入湖取菱，所以取王维诗句"采菱渡头风急，策杖林西日斜"中的"采菱"二字为名。

避暑山庄采菱渡

避暑山庄冷香亭

避暑山庄冷香亭在山庄湖区的月色江声岛上，它临近月色江声门殿，在门殿之西，亭与门殿之间连以游廊。冷香亭是一座方形的亭子，单檐卷棚歇山顶，前檐下悬有蓝底金字的"冷香亭"横匾。冷香亭名为乾隆皇帝所题，因为这里正面对着热河泉的水，水中植有耐寒的放汉莲，至深秋依然荷香不断，所以称为"冷香"。

避暑山庄冷香亭

185

避暑山庄萍香泮

避暑山庄萍香泮

避暑山庄萍香泮是一座临水而建的小院，院中主体建筑为一小亭。亭子平面方形，造型简单。萍香泮的得名源于临水，也源于水中植物，即青萍碧草。人们都知道花香，但草、萍实际上也是有香气的，只不过它们的香气更为清幽，不经意间就会错过。

避暑山庄牣鱼亭

避暑山庄牣鱼亭在山庄前部的文园狮子林中，凌驾于假山石上，伫临于碧水之畔。亭子的平面为六角形，重檐攒尖顶。顶上的垂脊非常显著，并且脊的侧面雕饰有回纹。亭檐下的枋面上绘有青绿彩画，主题为龙纹。枋下面立有六根朱漆圆形木柱，柱间五面设有靠背栏杆，只有一面留出出入口。牣鱼亭的整体形象轻盈灵动、亭亭玉立而又不失稳重。

避暑山庄牣鱼亭

避暑山庄曲水荷香

避暑山庄曲水荷香

避暑山庄曲水荷香是一座方亭，额由康熙皇帝所题，乾隆皇帝将它改为含澄景，这是一座根据古代文人雅士曲水流觞活动而建的一座流杯亭。亭子的体量比较大，因此下面特别设立有十六根粗大的柱子，亭子的整体形态比较稳重，上为四角重檐攒尖顶，檐下绘有雅致的苏式彩画。曲水荷香原建在热河南岸的香远益清处，是建筑群的一个组成部分，后因泥沙淤积，便将它移到了文津阁处。

避暑山庄晴碧亭

避暑山庄晴碧亭

避暑山庄晴碧亭临水而建，台基几乎都建在水中，只有一小部分连着石岸。台基砌为两层，中以方砖铺墁，非常平整。亭子的平面为八角形，上为重檐攒尖顶，亭檐下立有八根圆形木柱。柱子之间近岸的亭体有两面开敞、一面坐凳栏杆，另外五面则设靠背栏杆，人们可以凭栏而坐，远可望园景、近可赏游鱼。

避暑山庄望鹿亭

在避暑山庄正宫北门的西北、榛子峪口南坡有一座小亭，名为望鹿亭。小亭平面八角形，攒尖顶，亭柱相对低矮而亭内空间却比较宽敞，所以整体看来小亭的形象比较稳重。亭子的造型比较简单，但也有特别之处：一是，它的八根亭柱都为抱柱的形式，即在一个较粗的圆柱两侧又夹有两根小柱；二是，亭子有四面设砖砌矮栏，有四面不设而敞开，并且是交错设置，使人从四面都可以进入亭中。之所以称为望鹿亭，是因为在亭子对面的榛子峪北坡，曾是驯养鹿的地方，站在亭中正可以看到鹿群嬉戏的情景。

避暑山庄望鹿亭

绍兴兰亭碑亭

绍兴兰亭碑亭

绍兴兰亭碑亭又称小兰亭，亭为四角攒尖顶，在顶上的宝顶与亭檐之间，还砌有两层方形的基座，基础雕刻有精美雅致的花纹。小亭三面开敞，只有北面砌为墙体，前部两角各立一根方形石柱。亭内立有"兰亭"碑，碑上即书"兰亭"二字，为清代的康熙皇帝御笔。

绍兴兰亭鹅池碑亭

绍兴兰亭鹅池碑亭

鹅池是放养有鹅的水池，兰亭鹅池景观是因王羲之的故事而来。王羲之非常喜爱鹅，闲时常常观鹅，据说鹅的形体动态还曾启发了他的书法。鹅池碑即为纪念王羲之而建，碑上有书法非凡的"鹅池"二字。为了保护此碑，又特建一亭，平面三角形，比较特别，亭上为攒尖顶，整体造型小巧简单。亭因碑而名，即称为"鹅池碑亭"。

绍兴兰亭流觞亭

流觞亭是绍兴兰亭内一座非常重要的亭子，它的体量也相对宽大，面阔三开间，单檐歇山顶，四周带回廊。亭顶覆盖灰色筒瓦，亭柱与亭子的门窗隔扇均为黑色，亭檐下的横匾也是白底黑字，整体风格典雅沉静，古色古香。流觞亭内屏风的上部悬有"曲水邀观处"，而屏风本身则正面悬《兰亭曲水流觞图》，背面为《兰亭后序》文。

绍兴兰亭流觞亭

绍兴兰亭墨华亭

绍兴兰亭墨华亭是一座四角攒尖顶的小方亭，灰瓦石柱，风格素朴、虚淡，而体态舒展大方，正象征文人高士的精神，墨华亭中悬有对联："竹荫满地清于水，兰气当风静若人。"墨华亭建在王右军祠院内的水池中，水池名墨池，是据王羲之临池练字把池水染成墨色的典故而设。实际上，王右军祠本已是池中建筑，而池中建筑内又辟池，池上又建亭，形成水中有岛、岛中有水的环环相套的格局，是比较特别的布局形式。

绍兴兰亭墨华亭

绍兴兰亭御碑亭

绍兴兰亭御碑亭是一座八角攒尖顶的亭子，双重檐。亭子也采用黑柱、灰瓦形式，色调朴素淡雅。亭子的形态稳重大方，但檐角飞翘又呈现出灵动秀气之美。亭中因立有皇帝御笔石碑而称为御碑亭。亭中的御碑立于康熙三十四年（公元 1695 年），碑的正面刻有康熙御笔的《兰亭集序》全文，背面刻有乾隆皇帝游兰亭时所作的《兰亭即事》诗。因为碑上有祖孙二代皇帝御笔，所以也称祖孙碑。

绍兴兰亭御碑亭

檀干园湖心亭

檀干园湖心亭

檀干园湖心亭位于园内小西湖中，并且是建在一座长满绿草的小岛之上，岛上只有这一座小亭，平面六角形，顶为攒尖顶，亭檐比较特别，其中部有一圈转折线，仿佛有两层顶子，让简单的亭子在外观造型上起了微妙的变化。亭为红柱、灰瓦顶、白色宝顶，色彩雅致而稳重，亭内空间对外开敞。在碧水、绿树的掩映之下，显得小巧玲珑，精致而脱俗。

檀干园镜亭

檀干园小西湖中筑有两岛，除了湖心亭小岛之外，还有一座三潭印月岛，这是依照杭州西湖三潭印月而建。这里的三潭印月岛有桥、堤连着池岸，岛上的主体建筑即为镜亭。镜亭说是亭，其实是轩式建筑，面阔三间，前部还带有抱厦，两者皆为歇山顶。镜亭除了外形与一般的亭子有别之外，亭内还有一处特别吸引人的地方，即后壁上嵌的大理石书条石，上面刻有苏轼、米芾、董其昌、文徵明等古代名家的书法，非常珍贵。

1 水榭

水榭是临水而建的开敞小厅式建筑，檀干园中这座水榭正是这样一座临水的轻巧敞亮建筑，榭体四面只有立柱，榭内可通四时四面之风，立于榭内可观四面之景，亭顶为单檐歇山式，双层屋脊两端加饰鳌鱼，非常突出。

2 美人靠

水榭立柱之下几乎是四面均设美人靠，只有通向小路的出口敞开以便人出入。美人靠就是靠背栏杆，水榭临水，设美人靠既方便人们坐息，又比较安全，一举两得。

3　镜亭

镜亭是檀干园中的主体与中心建筑，虽然名为亭实为轩，面阔三间，前加一间抱厦，均单檐歇山顶。亭内存有刻着苏轼、米芾、董其昌、文徵明等名家书法的书条石 18 块，是书法留存中的精品。

4　廊

镜亭一侧连接曲廊一段，廊为单面廊形式，一面为实墙，一面开敞，实墙上另辟什锦窗作为透景框和墙面装饰，小而精致。

5　玉带桥

在歇山顶水榭与镜亭之间有一道小桥，小桥为三段石桥，桥面中段略高，被称为玉带桥，造型简单，风格素雅。

檀干园双亭

檀干园双亭

檀干园双亭建在园内湖水岸边，与镜亭二岛隔水相望。双亭也就是两座相连的亭子，说是双亭又是一体，看似一体又有两顶，比较别致。檀干园双亭的平面为菱形，上下皆相连，顶为攒尖式，顶中心均立有桃形宝顶。亭檐下是红色方柱，柱下有红色靠背栏杆，便于人们纳凉、休息和观景。小亭一侧临水，一侧为曲折小路，亭子建得恰到好处。绿草青青，树木葱郁，气氛悠然清静。

杜甫草堂鱼香亭

杜甫草堂鱼香亭

杜甫草堂鱼香亭是一座六角攒尖顶的小亭，亭顶面为茅草覆盖，草顶下的顶架为竹制，柱子为木质圆柱。柱间一圈设回纹挂落和雀替，柱下一圈设靠背栏杆，柱子、挂落、雀替、栏杆都漆上了稳重的暗红色，非常典雅，与上部朴素的草顶相应。整个草顶、红架的小亭，映着周围青翠的树木、修竹，更显小巧、稳当。

杜甫草堂一览亭

杜甫草堂一览亭

一览亭是杜甫草堂中比较大型的一座亭子，也是造型比较特别的一座亭子。亭子共有上下四层，每层均有出檐，檐角飞翘灵动，檐角下挂有风铃，亭顶为攒尖式。亭体的每一面都用青砖砌筑，并且都辟有门洞，安装有木质隔扇门，门扇上部通透，下部为实板，门扇的颜色漆为灰色，与灰瓦的亭顶相应。亭的每层檐下都有简单的斜撑承托，好似斗拱一般，设色为暗红，与青砖墙俱为典雅之色。

何园水心亭

何园水心亭

何园园区西部面积较大，以水池为中心，池中建有湖心亭一座。亭子平面为四边形，顶为四角攒尖式，亭脊弯曲起翘如鸟儿展翅。亭体四面只立四根木柱，形成对外开敞的亭内空间。亭子下部是砖石砌筑的基座，基座上缘四面石雕围栏，稳重大方。这座小亭总体看来比较大方质朴，甚至有些普通，但若仔细看却有它的精细和独特之处，即在亭柱上方、亭檐之下，横枋的上面采用冰裂纹作为装饰纹样，非常的雅致，最特别的是枋下原本施挂落的地方，采用了透雕飞罩的形式，雕刻精致，设计独特，非一般小亭可比。

廊

直廊

直廊是廊的一种，主要是指廊的形体而言，即廊走势比较平直。因为园林中的廊大多形体比较曲折，以制造多变的游园景观，因此直廊相对来说少见一些。即使园林中使用了直廊，也大多较为短小，因为直形的廊较少变化，如果太长则会显得呆板无趣。除了单独设置的直廊外，还有在建筑前方伸出的一段空间，也是直廊，也就是我们通常所说的前带廊或前后带廊建筑中的廊，它与建筑是一体的。

长廊

廊

廊是园林中不可缺少的建筑形式，也是园林中极富特点和极具功能的建筑之一。园林廊的类别主要有：单面廊、双面廊、直廊、曲廊、复廊、回廊、抄手廊、爬山廊、叠落廊、双层廊等。廊的建筑结构有木结构、砖结构、石结构、竹结构等。廊顶有坡顶、平顶和拱顶等。园林内廊的运用，不但具有遮风挡雨和交通的实用功能，而且还是增加园林景深层次、分割空间、组合景物和园林趣味的重要设置。相对于亭、台、楼、阁等建筑而言，廊是线，是各个景观点的联络线。廊的形体大多狭长而曲折，空间轻盈通透，有虚有实，非常美妙，可以将人们慢慢引入园林的胜境。

直廊

长廊

长廊是形体较长的廊，或者更准确地说，也就是我们通常所说的廊，园林中的廊大多为长廊。长廊的具体形式，可以是曲廊、复廊、水廊、爬山廊，也可以是单面廊、双面廊，统称为长廊。

曲廊

曲廊

曲廊的形体比较曲折多变，从形体走势上来说，它是园林中最为常见、也最富变化的一种廊子。为了追求游园时景致的多变性与景区的曲折性，造园者常于园林中设曲廊。曲廊形体曲折逶迤，在园林中自由穿梭，将园林分成大小或形状不同的区域，自然丰富了园林景致。

复廊

复廊是由两廊合二为一的廊，两廊中间隔着一道墙，墙上设有漏窗作为连通，两边廊道都可以通行，站在两边廊道内都可以透过中间墙上的漏窗观看对面景致。复廊因为是两廊相合，所以在造型上复杂一些，形象也更为美观。在园林中设置的复廊，不但可以作为分隔景区的重要建筑，以及通过漏窗将内外景致联系起来，而且还可以让游人在两面欣赏园景。

复廊

里外廊

里外廊

里外廊也就是复廊。

回廊

水廊

在园林中，如果廊跨水或临水而建，即称为水廊。水廊能丰富水面的景观，不使水面过于单调。同时，它也能使水上空间半隔半连，形成曲折，增加水的长度，给人水有源而长流的感觉，更富有意境。

游廊

回廊

回廊是回环往复形式的廊，它不像其他廊一样即使曲折也大体呈直线，而是在曲折中又有回环。在园林中，回廊多是设置在建筑的周围，四面通达，使游人在建筑的四面皆可游赏观景。

水廊

游廊

游廊是园林等处供人游赏的廊，它就像长廊一样，是廊的一种通称。园林中设置了游廊，游人们可以顺着廊的指引逐步观赏园景。游廊内一般还多设有坐凳栏杆或是美人靠，游赏累了时，可以停坐休息。因为廊是通透开敞的，两边没有什么遮拦，所以，坐息时眼前依然有美景，可以尽情观赏。

双层廊

双层廊

双层廊就是有上下两层的廊，它是一种比较大型的廊，一般多与楼阁相连，组成特别的园林建筑景观。同时，因为廊有上下两层，所以更利于观景，因为双层廊比较高，视野便更为广阔，可以欣赏到更多的园中景致，甚至可以远借园外的景致。

叠落廊

叠落廊

叠落廊也是廊的一种形式，相对于其他形式的廊来说，叠落廊看起来比较特别，它是层层叠落的形式，一层一层，层叠而上，有如阶梯。即使形体本身并没有曲折的走势，但因是层层升高的形式，所以自有一种高低错落之美。大多叠落廊的形体都比较小，这也是由它的形式所限。

半廊

半廊

半廊就是看似半边的廊，廊的一面开敞、另一面砌墙体。半廊式的廊，一般多会在开敞的一面设坐凳或靠背栏杆。以供游人休息，而另一面的墙体上则多会开设成排的漏窗，这样人在廊内行走时可以透过漏窗观赏另一面的景致。

双面廊

双面廊

双面廊简单地说，就是具有两个面的廊，它可以是双面空廊，也可以是双面都砌墙体的封闭廊。同时，还可以将它理解为两面为走道、中间为墙体的廊，也就是复廊。

单面廊

单面廊

单面廊也可以称作是半廊。廊的一侧通透，另一侧为墙或建筑所封闭。通透的一面多是面向园林内部，这样便于观赏园林景致。而另一面的墙可以完全封闭，也可以设计为半封闭形式，如设置花格或漏窗。《园冶》中说"俗则屏之，嘉则收之"，即半封闭或封闭全要看园林的实际情况，景致的优劣。

爬山廊

爬山廊

爬山廊是建在山坡上的廊，它由坡底向坡上延伸，仿佛正在向山上爬，所以得名。爬山廊因为建在山坡上，所以它的形体自然就有了起伏，即使廊本身没有曲折变化，也成为一道美妙的风景，如果廊本身形体再有所转折，会更加吸引人。有了爬山廊，游人可以更为方便地上下山坡，观景不必要多绕圈子。同时，爬山廊也将山坡上下的建筑与景致连接起来，形成完整有序的景观。

抄手廊

抄手廊

抄手廊也称抄手游廊。抄手廊中的"抄手"二字，意思指的是廊的形式有如同时往前伸出而略呈环抱状的两只手，所以有人也称它为"扶手椅"式的游廊或者是"U"形走廊。抄手游廊一般都是设在几座建筑之间，并且是设在走势有所改变的不同建筑之间，比如在一座正房和一座配房的山墙处，往往用抄手游廊连接。因为中国的建筑大多是对称布局，所以抄手游廊也多呈对称式设置。

空廊

空廊

只有顶部用柱支撑、四面无墙的廊，就称为空廊，也就是廊道两面开敞、不设墙的廊。这样的廊在园林中既是通道又是游览路线，能两面观景，又可以分隔园林空间。

双面空廊

双面空廊

双面空廊即廊的两侧均为列柱、没有实墙的廊，在廊中可以观赏廊两面的景色。不论是直廊、曲廊、回廊，还是抄手廊等都可采用双面空廊形式，不论是在风景层次深远的大空间中，还是在曲折灵巧的小空间中也都可以运用双面空廊形式。在各类园林廊中，双面空廊还是比较常见的。

单面空廊

单面空廊

单面空廊也属于空廊的一种，它又分为两种形式：一种是在双面空廊的基础上，将其一侧列柱间砌上实墙或半实墙；另一种是将廊的一侧完全搭建在其他墙体或建筑物边沿上。单面空廊的廊顶有时做成单坡形，以利于雨天排水。

拙政园柳阴路曲

拙政园柳阴路曲

在拙政园见山楼的西面有一道曲廊，形态曲折优美，廊周围的景致也不凡。在拙政园初建时，园中多植杨柳，特别是见山楼的西面，形成绿树浓荫的清幽景观。文徵明对此即曾赋有七言律诗一首："春深高柳翠烟迷，风约柔条拂水齐。不向长安管离别，绿阴都付晓莺啼。"后来在此建廊，廊体弯曲盘绕，便命名为柳阴路曲。这条曲廊可通向荷风四面亭、见山楼、倒影楼、别有洞天等不同方向的景点处。

留园曲廊

留园曲廊

在苏州留园内有很多条廊，多是形体曲折的曲廊，如：从涵碧山房的西面开始有一条曲廊，一直通到闻木樨香轩处；佳晴喜雨快雪之亭前曲廊；远翠阁边曲廊等。这其中以涵碧山房西面的廊最为引人注目，除了这是一条爬山廊之外，在廊的西壁上还嵌有王羲之、王献之父子二人的法帖，书法精湛，颇具艺术价值。

网师园曲廊

网师园曲廊

廊是园林中不可缺少的建筑形式，网师园自然也不例外，网师园最长的一条曲廊即是小山丛桂轩旁的曲廊，或者更准确地说，小山丛桂轩恰建在曲廊之上。这条曲廊为双面空廊的形式，两侧只有圆形立柱支撑着上部的廊顶，柱下设有坐凳栏杆，供游人小坐。廊顶为灰瓦，廊柱为暗红色木柱，色调稳重、典雅，而廊的空间开敞通透，整体效果简洁大方。

网师园射鸭廊

网师园射鸭廊

网师园射鸭廊是一道短廊，位于中心水池彩霞池的东边。射鸭廊名称中的"射鸭"二字指的是一种古代文人游戏，即将箭投向壶形容器中，投入者为胖。因为"投"也称为"射"，而壶多做成鸭子形状，所以称为"射鸭"。射鸭廊的南端与半山亭贯通，而北端则与竹外一枝轩相连接。形成一处轻巧、开敞而又气势连贯的建筑景观。建筑的临池一面设有美人靠，人们可以在这里坐息或俯视水池游鱼。

网师园樵风径

网师园樵风径

樵风径是网师园内一条别致的廊，它由蹈和馆处向北曲折延伸，直至月到风来亭北，形体曲折多变而修长。廊的南段有一处与小山丛桂轩曲廊相接，廊壁嵌有书条石数块。廊的中段与濯缨水阁的外墙相接，有如一条幽僻的窄弄。廊的北段则如爬山廊的形式，地势略有高低起伏。人立于樵风径廊内，可以感受到清新舒爽的轻风，有如山林自然之风，意境幽雅。

狮子林复廊

狮子林复廊

狮子林复廊位于园林南部，具体位置在立雪堂院的西面，它是一条形体通直的廊。廊由左右两条走道组成，所以称为复廊。这道复廊不是两面开敞的形式，而是两面都有墙，空间比较封闭、幽僻。在这条复廊的西面廊墙上，开有六个六角形的空窗，东面廊墙上，则开有六个圆形的空窗，可以作为东西两面的取景框。

狮子林御碑亭廊

狮子林御碑亭廊

狮子林御碑亭廊在园子的南部，基本贴着南面的院墙，它的东端与复廊的南端相连。御碑亭廊是一条对内开敞的廊，站在廊内可以北观园内景致，廊檐下只设立柱和石砌矮栏；廊的另一面为粉白墙体，墙上偶开一漏窗，最重要的是墙面上半建一亭，亭内倚嵌有一方石刻御碑，碑面上雕刻着乾隆皇帝的《游狮子林》诗。

狮子林古五松园廊

狮子林古五松园廊

狮子林古五松园廊位于园林的北部，在古五松园的东南处，这条廊既不是单纯的双面空廊，也不是单纯的半廊，而是双面空廊和半廊的结合。也就是说，这条廊的一段为双面空廊的形式，只立廊柱不见墙，另一段为一面砌墙体的半廊。当然，廊毕竟是一种游赏观景建筑，所以即使是砌墙体的一面，墙体上也开设有各式漏窗，以连通内外景致。

狮子林飞瀑亭廊

狮子林飞瀑亭廊

狮子林飞瀑亭建在园林西部的廊之上，廊因亭而名为飞瀑亭廊。这条廊是一条半廊，廊面向园内的一面开敞，而廊的另一面为墙体，并且墙上开设有漏窗，既封闭又不完全封死，使内外景观得以连通。

沧浪亭复廊

在沧浪亭园林的北面，也就是园门内临河处，有一条沿河而建的复廊，从面水轩一直通到观鱼处，形体曲折而有序，从平面上看基本呈包住河水的半圆形态，非常优美，与一般的园林廊不同。这条复廊为双面开敞的形式，两面廊檐下都只是立有柱子和矮栏而已，园内的景致不完全对外开敞，借着廊中间的隔墙作为遮挡，当然墙体却不是完全实体，而是在上面开设有一排漏窗，可以通风、透景。

沧浪亭复廊

怡园复廊

怡园复廊

怡园复廊在园子中部水池的东岸，但并不是特别临近水池。廊的北端建有锁绿轩，南端则是分别连着东西的南雪亭和拜石轩。从平面上看这条复廊，整体有如蛇形，极具动感。廊的中间是一道粉墙，墙上开设有一排漏窗，正在人眼可及的高度。墙的两边各有一条走道，走道的外边都设有石砌矮栏，栏上立有木质圆柱支撑着上部灰瓦的廊檐。粉墙灰瓦非常清雅、纯净。

怡园碧梧栖凤廊

在怡园水池的西南角，即主厅藕香榭的西面，有一座碧梧栖凤馆，院中栽竹植桐。由馆向北行可达面壁亭，馆亭即由一廊相连，廊因馆而名，称为"碧梧栖凤廊"。凤凰是一种传说中的神鸟，据说它非梧桐树不栖，非竹实不食，显其高雅不凡。而这座因馆而名的廊也一样雅致又不凡，廊墙粉白无瑕，墙上开设有大漏窗，窗内砖砌棂格也粉刷洁白，廊顶为小青瓦，二者对比就显得非常素净，再加上周围绿树浓荫的映衬，高雅脱俗。

怡园玉延亭廊

在怡园东部园区内，入园子东门不远即有两座小亭，一名玉延亭，一名四时潇洒亭，两亭之间以曲廊连接。这条曲廊也是半敞半闭形式，一面立柱设栏，一面砌筑墙体，墙上偶尔设一漏窗，窗、墙同样是粉白洁净，让人觉得清静、舒适。

耦园筠廊

苏州耦园的主体景区是东园，东园的主体建筑一是受月池南的山水间，一是园北假山后的城曲草堂。城曲草堂的前方，向东南方向延伸有一条曲廊，连接着双照楼、望月亭等，这条曲廊名为筠廊。因为在这条廊的前方种植有许多碧绿的青竹，而竹子又称筠，所以廊即以竹名而为"筠廊"。

耦园樨廊

在耦园中，除了筠廊外，还有一条以植物命名的廊，名为樨廊。樨指的是木樨，也就是桂花，樨廊的前方植有桂花，秋季有桂花飘香，芳香浓郁。樨廊与筠廊的位置基本相对，建在城曲草堂的西南，以连接储香馆、藤花舫和枕波轩。

虎丘巢云廊

苏州虎丘山园林曾建有一处巢云阁，虽然经过清代乾隆时期的重新修葺，但后来仍然被毁，20世纪90年代，在此基础上重建了巢云廊，形成了一处更为轻巧、绝妙的景观。这条廊形体曲折，并且呈内向弯曲状态，廊体通透开敞，基本不砌墙体，只有在加建半亭的地方砌有一小段墙体。廊檐下一部分设不带靠背的石砌矮栏，一部分设带靠背的美人靠，都是为游人休息而设。

环秀山庄西廊

环秀山庄问泉亭水池的西边，有一座两层的长楼，称为边楼或西楼。楼体的下层前部带有一条非常漂亮的长廊，廊的前檐下立柱、设木质矮栏，廊后檐墙面上设有漏窗。之所以说这条长廊漂亮，主要就在于墙上这些漏窗，窗形有圆形、矩形、扇形、横8字形、灯笼形等，窗洞内的棂格纹也各有各的形式，丰富多变，可见设计者的精细用心。更妙者，在这些漏窗的下面，还有一排碑刻，刻着名家书法字帖，墨石白字，雅致细腻。

怡园碧梧栖凤廊

怡园玉延亭廊

耦园筠廊

耦园樨廊

虎丘巢云廊

环秀山庄西廊

何园蝶厅楼廊

何园蝶厅楼廊

扬州何园西部水池的北岸建有一座长楼，名为汇胜楼，楼的左右两侧连接着两层的复廊，形如蝴蝶展翅飞舞，造型优美，所以楼的下层又称蝴蝶厅。这条两层的廊就因楼形而称为"蝶厅楼廊"，无论从造型上看，还是从名称上来感受，都非常优美、令人喜爱。这条廊向两侧延伸很长，几乎包围住了园子西区的后部和左右的大部分，气势不凡。

颐和园长廊

在颐和园万寿山的脚下，临湖辟有一条全长700多米，共273间的长廊，它是中国园林长廊建筑之最，也是世界之最。长廊东起邀月门，西至石丈亭。廊上还依次建有留佳、寄澜、秋水、清遥四座亭子，以及对鸥舫、鱼藻轩两处轩榭，它们呈对称式分布在廊的东西。在长廊内不仅可以观外景，更能欣赏到廊内梁枋上丰富多彩、内容生动的苏式彩画，这也是颐和园这座长廊的另一大特色。彩画或以花鸟，或是人物，或为风景乃至以故事等为主题，精彩异常，无与伦比。特别是一些故事性的彩画，常常能让人产生丰富的联想。

颐和园长廊

桥

桥也称桥梁，它在很多地方都能见到，尤其是园林中更是有着各式各样的桥。桥原是为了通行而建，所以具有交通的实用功能，但也具有一定的艺术性，特别是园林中的桥更富有令人回味的艺术性，对人极具吸引力，引人留恋。因此，园林中建桥处往往会因桥而形成一道优美的景观。园林中桥的造型各异，有拱桥、平桥、曲桥等，从材质上分有木桥、石桥、砖桥、砖石桥等。

桥

平桥

平桥就是桥面平坦的桥，即桥面与水面或地面平行，桥面没有起伏，桥面以下也不采用拱形洞，而是大多采用石墩、木墩等直立支撑，整体形象比较简洁大方。

平桥

曲桥

曲桥是形体曲折的桥，桥面大多也为平桥形式，只是从平面上来看，桥身多有曲折，呈多段弯折形式。曲桥大多架设在园林池水之上，以分隔水面使之不显得单调，又是园林一景，同时也让游园的人能够更亲近池水。曲桥有三曲、四曲、五曲，乃至九曲之分，是园林中常见的桥形之一。

曲桥

拱桥

拱桥

拱桥是桥梁中造型极为优美的一种类型，极富生命力。拱桥的材料有木，有石，也有砖，其中以石拱桥数量最多。根据设置的需要，拱桥的拱有单拱、双拱、多拱之分，在多拱桥中，处于最中间的拱洞一般最大，两边依次缩小。园林中的拱桥，以单拱最为常见，因为单拱的拱桥更显得小巧秀美、玲珑多姿，符合园林整体的意境与美感要求。

亭桥

廊桥

廊桥是一种带有廊顶的桥。早期时的桥梁大多为木桥，但木桥不耐长久风吹雨打，人们便想办法在桥上加建了顶盖，形成桥屋，以保护木制的桥体，这种带有桥屋的桥就被称为"廊桥"。廊桥运用在园林中更有意义，它除了具有保护下部桥体不受风雨侵蚀的功能外，还能让游园的人在雨天游园时避雨，保证行走于桥上的人不被风吹、雨淋和日晒，或者是在游人游园遇到突然袭击的风雨时能有临时的躲避之处，并且又能在雨中继续欣赏园景，别具意味。

廊桥

亭桥

亭桥是一种特殊形式的桥，它是桥与亭的结合，下部是桥，上面是亭，桥与亭相依相映，既是桥，也是亭。亭桥在桥的基础上，又加建了亭，整体高度也就相对增加了，所以，相对来说，亭桥的形体更为优美，更显亭亭玉立。

过街桥

过街桥是凌空架在街道上面的桥，一般多架在两道高墙之上或是两座房屋之上，桥下的街道空间依然可以供人正常通行，而不会受到妨碍。过街桥因为高架在街道之上，所以体量大多比较轻巧，远观有如卧虹当空，给人美的享受。皇家园林比较宏大，一般不会设这样有碍整体气势的小型建筑，而私家园林一般又较小，没有什么街道，也多不设这样的架空过街桥，所以园林中的过街桥实例比较少，只在少数纪念园林中可以见到。

过街桥

拙政园小飞虹

小飞虹是拙政园中一座非常优美的小桥，桥体微微上拱宛若凌空彩虹，因而得名"小飞虹"。白色条石桥面的两边是"万"字纹的木制护栏，其中有立柱撑起上面窄窄的灰瓦廊檐。造型虽简洁，但与周围的亭、轩、绿树相映，自然形成错落、优美的好景致。在其对面远观，整片美景倒映在水中，远近虚实相接相连，其景更为丰富精彩。让人疑在画中游。

拙政园小飞虹

上海豫园九曲桥

上海豫园九曲桥

九曲桥顾名思义就是桥体非常曲折多变，它建在水面上，既是连通湖岸、可以行人的功能设置，也是水面上重要的景观。上海豫园九曲桥即是这样一座园林曲桥，桥身整体曲折，但每一段却非常规整，桥身平坦、桥立面垂直于水面，桥上的栏杆也是整齐有序、大小相同。这座九曲桥可以说是中国古园九曲桥的典范，造型优美。

瘦西湖五亭桥

瘦西湖五亭桥

瘦西湖是江苏扬州一处著名的景观园林，园林中的景观以五亭桥最为闻名。之所以称为"五亭桥"，是因为它既是一座桥也是一处亭，亭在桥上，桥在亭下，桥与亭相依，所以得名。桥下有十五个拱形桥洞，洞洞相连，如遇月夜，月与拱洞相映照，在碧波荡漾中更臻妙境。瘦西湖这座五亭桥的形式是仿北京北海北岸的五龙亭而建，不过，它比五龙亭更具一体性，更玲珑精巧，更富江南园林的特色。

颐和园十七孔桥

十七孔桥位于颐和园昆明湖的东岸中部，连接着东岸和湖中的南湖岛。十七孔桥是颐和园众多桥梁中最大的一座，桥长150米，宽8米，桥面两边设有栏杆望柱，柱头都雕刻着石狮子，有500多只，这些石狮子的形态各异，堪称中国园林雕刻中的一绝。桥面下部有17个拱券桥洞，以中孔最大，两侧依次缩小，使桥体成为圆弧形，远观如长虹卧波，气势雄伟。但是弯曲的弧度又不是太大，所以比较方便游人行走。这座体形修长的多孔拱桥，不但具有通行的实用功能，更是颐和园中的绝妙美景之一。

颐和园十七孔桥

颐和园玉带桥

颐和园玉带桥

颐和园的玉带桥是昆明湖上的西堤六桥之一，它是一座单拱的石拱桥，拱券呈抛物线形，非常高耸，可以通行一般的船只。桥身用汉白玉筑成，清峻洁白，桥身高瘦，桥形似长虹卧波。蓝天白云下，桥倒映于波光粼粼的昆明湖水中，随着微波荡漾，真似玉带飘摇，因此得了个玉带桥的美名。玉带桥称得上是实用性与艺术性巧妙结合的桥中佳作，是颐和园西堤六桥中为人称道、闻名遐迩的一座。

颐和园豳风桥

颐和园豳风桥

豳风桥也是颐和园西堤六桥之一，它是一座桥面比较平坦的桥，它的侧立面呈八字形。豳风桥的桥名原为"桑苎"，后因避咸丰皇帝的名讳"奕詝"而改为"豳风"。"豳风"二字出自《诗经·豳风》。豳风桥的桥面上建有桥亭，平面长方形，重檐屋顶，屋脊中间立有宝顶。豳风桥西旧时有蚕神庙、织染局、耕织图等颇富江南特色的田园村舍，很有江南田园风韵。

颐和园柳桥

颐和园柳桥

柳桥也是颐和园西堤六桥之一，它的正立面为八字形，也是一座桥面平坦的小桥，桥上也建有亭，桥亭为重檐歇山卷棚顶。柳桥的桥名来自桥边的柳色。每当春风和煦之时，微风轻拂，桥头柳枝飘摆，柳桥在烟柳中时隐时现，不禁让人想到了那句优美的古诗："碧玉妆成一树高，万条垂下绿丝绦。"

颐和园镜桥

谐趣园知鱼桥

园林中的小桥一般都是为联系、组合园中景致并起装点作用的，所以形式优美且极富情趣。颐和园中有许多这样的桥，除了昆明湖上的西堤六桥之外，在颐和园的谐趣园中也有一座别致的小桥，它就是著名的知鱼桥。知鱼桥为七孔平桥形式，桥身贴近水面，让游人可以近距离观赏水中游鱼。知鱼桥的桥头还立有一座简单的石牌楼，上刻"知鱼桥"字样。"知鱼"桥的名字很特别，它出自战国时庄子和惠子河边观鱼时智辩的典故，让人觉得颇有意趣。

舫

颐和园镜桥

颐和园的西堤并不是一个走向，而是在玉带桥南行之后，堤岸由宽渐窄，堤的走向也由西南转为东南。而堤上六桥之一的镜桥就在西堤折向东南不远处。镜桥在西堤六桥中相对居于西堤中部，桥身也是立面八字形，桥面平坦简洁。不过镜桥桥面上的亭子为八角重檐攒尖顶，非常玲珑新颖，有别于其他四座桥亭。镜桥的桥名来自于李白的诗句："两水夹明镜，双桥落彩虹。"

谐趣园知鱼桥

舫

舫也就是船，一般指的是相对建造精致的船，如作为游赏之用的游船就称为画舫或游舫，其内部的装修装饰精致，有如地面上的建筑一般讲究，有时它的外部也有精美的装饰。不论是画舫、游舫，都是可以行走的舫，但这里要介绍的园林中的舫，却是不能行走的舫，是被称为旱船的舫，只是园林中的一种建筑景观，是依照舫形而建的一种建筑。同时，它也和其他的园林建筑一样，可以登临观景。

颐和园清宴舫

拙政园香洲

拙政园旱舫名为香洲，也是一座仿船形而建的园林建筑。香洲位于园子中部水池的西南岸，与倚玉轩隔水相望。香洲其名的由来，一得于其临水而建，二得于水中荷花的幽香。香洲由前、中、后三部分组成：前部是一空敞的平台和一座开敞的小亭，亭为卷棚歇山顶，四角飞翘，亭内后部悬有文徵明手书"香洲"横匾；后部是一座两层的楼房，是船的后舱，楼名澄观，楼体高大，登楼观景，可以尽赏远山近水；亭楼之间以短廊相接，廊体较矮，形成高低参差的建筑形态，造型优美多姿。

怡园画舫斋

颐和园清宴舫

清宴舫是颐和园内的一座著名石舫，位于万寿山前山西南处的湖水中。这座石舫初建于公元 1755 年，原是古老的中国式船体，上面建有中式的楼形船舱，整个长达 30 多米的船体全部由洁白的石料筑成，极为洁白高雅又不失皇家建筑的气势与富丽。咸丰时英法联军火烧清漪园，清宴舫的舱楼被烧毁。慈禧重修颐和园时，也把清宴舫的舱楼重新修筑完整，不过，却没有恢复成中式船舱，而是建成了西洋式，舱内地板也铺满西洋式的花砖，同时又在舫的两侧下部安了两个轮子，失去了乾隆时期石舫的古典雅致。

拙政园香洲

怡园画舫斋

怡园画舫斋位于怡园水池西端，因为形体如船，所以得名画舫斋。怡园这座画舫斋在造型结构上与拙政园的香洲非常相近，也有前后舱，前舱为歇山顶亭式建筑，后舱为楼。后舱北接松林，所以题名松籁阁。这座画舫斋的装饰非常的精美，前舱有垂莲柱，中舱装十六扇冰裂纹窗扇，后舱则装有八扇落地长窗。

狮子林石舫

狮子林石舫

狮子林石舫是民国初年贝润生购得园林后增建的建筑之一，它位于园林西北部，正建在池水之中，靠近岸边，只在船头甲板处以一块平石板与池岸相连，方便人们上船游赏。舫体高大，前部一小段为开敞的平台，也相当于船的甲板。而其后分为三段，中段一层为中舱，前后两段都是两层楼为前后舱，两楼均为弧形顶，比一般园林石舫更像船，也就是更为写实。舱楼四面均设木质隔扇，内嵌彩色玻璃。

墙

通常所说的墙体，是指在建筑，特别是木构架建筑的下部，四外的一层围护结构。但这里要说的墙是指园林中单独建置的墙体，如云墙、花墙、漏窗墙等。这些墙体的材料也和一般的建筑墙体一样，可以是土、石，也可以是砖。不过，相对来说，又有一定的规律，比如，云墙大多可以土材料、石材料砌筑，而花墙则大多由砖来砌筑，成为带有花纹的花砖墙。

云墙

云墙

云墙也就是波形墙，它的特点就是墙体上部呈波浪形，即墙顶部不是水平的，而是波浪形的，远观有如水波纹，又像流云，非常优美而有动感，就像在流动一样。这种带有动势的墙，同样不仅仅具有一般墙体的遮挡功能，而且也是园林的优美景观之一。

花墙

花墙

花墙简单地说，就是建筑形式与装饰比较美的墙，墙上或是辟有漏窗、花窗，或是将墙顶砌成波纹状，或是设计一些特别的装饰，而不是平平实实的一面墙体。总而言之，除了具有一般园墙的遮挡、分隔空间的功能外，更具有一种不凡的艺术性与美感，是园林一道美丽的风景线。

漏窗墙

漏窗墙

漏窗墙是带有漏窗的墙体，园林中的墙体首先是起着隔断景区的作用，但园林的意境又要求它不能完全封闭，而是要隔而不断，所以往往在墙上开设有月洞门和漏窗，特别是漏窗，最为常见，往往成排设置，让人贴墙行走时，可以透过不同的漏窗看到不同的景致，并形成连续不断的画面，有如观画廊。这种带有漏窗的墙就被称为漏窗墙。

漏砖墙

漏砖墙

漏砖墙不但是指墙体带有可观景的漏窗洞等，还指明了这种漏窗洞等通透的部分，是由砖材料砌筑而成，或者说这样的墙体全由砖来砌筑，并将其部分砌成漏空的形式，以形成可以观景的连接洞口。

塔

塔

塔最初是一种印度佛教类建筑，被称为"窣堵坡"，它与佛教同时于东汉传入中国。佛塔最初主要是用来珍藏佛舍利的，传入中国之后，与中国的建筑相结合，加之随着不断地发展，不但在造型上发生了较大的变化，而且它的作用也不再仅仅是珍藏舍利子，而又出现了观景塔、瞭敌塔、纪念塔等多种类型。总观中国古塔，根据它们的造型和结构来分，有楼阁塔、密檐塔、覆钵塔、金刚宝座塔、花塔等形式。塔的材料上以砖、石居多，也有部分木和琉璃等材料的。

楼阁塔

楼阁塔

楼阁塔是中国古塔中数量最多的一种，也是产生年代最早的一种。楼阁塔是印度的佛塔与中国的楼阁相结合而产生的新的建筑形式，它的形体大多较为高大雄伟。中国的楼阁塔，大多是以木材料建造。

密檐塔

密檐塔也是中国古塔的一种，相对来说，它的数量也比较多。密檐塔的最大特点，也是它造型最特别之处，就是在塔身上部筑有层层的屋檐，整齐而富有韵律，柔美而充满生机。这种造型源于印度塔，在印度塔的顶部都竖有一根立杆，上面多"串连"有三重伞盖，看起来造型有如树冠非常漂亮。这三重伞盖分别代表佛教的佛、法、僧三宝，被合称为"相轮"。相轮的层数后来逐渐增多，最多可达十几层，同时也逐渐简化，不再是较复杂的伞盖形式，而变成了一道道的圆圈。印度佛塔传入中国后，这层层带圈的相轮就变成了密密的塔檐，而原本的相轮则成了塔刹的一部分，这便形成了独具中国特色的密檐塔。

密檐塔

喇嘛塔

喇嘛塔

喇嘛塔是中国西藏等西域地区的一种特色塔形。喇嘛塔直接脱胎于印度的窣堵坡，因为它早期传入了中国的西藏、青海等地，所以形成了具有当地特色的塔形。直到元代，蒙古少数民族统治中原，藏传佛教得到了大力发展，喇嘛塔才得以广泛地传播。喇嘛塔的造型较为统一，塔的最下面是须弥座，座上为覆钵式塔身，俗称塔肚子，塔身上面是一层较小的须弥座，座上为圆锥形的相轮，相轮多者有十三层，相轮上为伞盖和宝顶。喇嘛塔的主要功用是珍藏舍利，同时也可以作为僧人的墓塔。因为占据喇嘛塔主体的塔身为覆钵形，所以又称作覆钵式塔。

舍利塔

舍利塔就是珍藏佛祖释迦牟尼舍利的宝塔。舍利就是佛祖释迦牟尼的遗体火化之后的残存骨灰。据佛经记载，释迦牟尼的遗体被焚化后，出现了很多色泽晶莹的珠子，这些珠子就被称作"舍利"，其实也就是佛祖的遗骨。后来，释迦牟尼的舍利由八国国王分别取回各自建塔供奉。按道理说即应该只有八座舍利塔，但实际上舍利塔的数量却远不止八座，所以别的塔中的舍利可能就是佛经中所说的："若无舍利，以金、银、水晶、琉璃等造作舍利"作为供奉。

舍利塔

砖塔

砖塔

砖塔是中国古塔中的一种，也是中国古塔中现存数量较多的一种，因为它是用砖材料建造而成，比较稳固坚实，更易长久留存。中国砖塔的大量出现约在唐代，这是由砖材料的发展决定的。砖因为经过烧制，所以在防火性上远远好于木料。但人们又比较喜欢传统的木建楼阁式塔的形象，所以将砖材料与楼阁塔的形象相结合，建成了新的砖式塔，这种塔被称作仿木砖塔。因此，它具有砖塔和木塔两者的优点与特色。当然，也有不仿照木楼阁而建的砖塔。

琉璃塔

琉璃塔

相对于其他材料的古塔来说，琉璃塔不是大部分以琉璃为材料建筑的塔，而只是在塔的表面用琉璃砖瓦贴饰的塔，因为外观上看来，琉璃比较显著，所以称为琉璃塔。当然这也是因为琉璃是一种比较珍贵的古代建筑材料，所以难得使用，人们也更愿意将这种塔称为琉璃塔。较为讲究的琉璃塔，不但塔身用琉璃砖贴面，而且门、窗、斗拱等处也都用琉璃件刻画，上面大多还带有各种雕刻纹饰，如麒麟、牡丹，以及佛教中的飞天、力士等，非常之精美。

苏州虎丘塔

苏州虎丘塔

苏州虎丘塔又称云岩寺塔，因为虎丘山上曾建有一座云岩禅寺，所以塔因寺而名。后因虎丘山成为一处比寺更为闻名的山景园林，所以人们又习称塔为虎丘塔。虎丘塔高七层，47 米，平面八角形，矗立在虎丘山北面的山巅上。塔自底层向上逐渐收缩，但塔身每层的高度不改，成一近似圆锥形，亭亭玉立，秀美绰约。据记载，此塔初建于隋代仁寿元年（公元601 年），建成之后曾遭多次焚毁，现为砖砌塔身。

颐和园多宝琉璃塔

颐和园多宝琉璃塔

花承阁原是颐和园后山的一处重要景点，可惜目前只有一座琉璃塔还保存完好，其他建筑都已毁坏不存。这座琉璃塔即为多宝琉璃塔，平面八角形，塔身共有七层檐，上下两层檐为黄色琉璃瓦覆盖，其他塔檐为蓝色琉璃瓦覆盖，塔身满饰琉璃。此塔还有一个特点就是塔身为密檐与楼阁的结合。整个塔形非常纤细精巧，装饰富丽繁复，雕刻细致精美。所以乾隆皇帝赞它是："黄碧彩翠，错落相间，黄金为顶，玉石为台。"

颐和园四色喇嘛塔

玉泉山玉峰塔

玉泉山玉峰塔是玉泉山主峰上的一座重要佛寺建筑，平面八角形，共有九层，塔体高耸，塔身没有明显的收缩，直立而挺拔。玉峰塔是一座砖砌宝塔，每层色彩统一，都是红墙、白色拱券式的门窗券脸，每层塔檐均是灰瓦覆盖，塔顶立金色宝顶。整体看来简洁素雅，而又大气非凡。

避暑山庄永佑寺舍利塔

颐和园四色喇嘛塔

颐和园万寿山后坡的须弥灵境主体建筑香岩宗印之阁的四角，各建有一座喇嘛塔，每塔一色，共有四色。分别是黑色塔，塔身上饰有金刚杵，代表的是佛教密宗"五智"中的"平等性智"；白色塔，塔身上饰有法轮，代表的是佛教密宗"五智"中的"大圆镜智"；绿色塔，塔身上饰有小佛像，代表的是佛教密宗"五智"中的"成所作智"；红色塔，塔身上饰有莲花，代表的是"五智"中的"妙观察智"，象征法理清明，照彻众生。

玉泉山玉峰塔

避暑山庄永佑寺舍利塔

在避暑山庄平原区重要的景观——万树园的东北侧，有一座红墙围绕的永佑寺，是山庄平原区最大的一组建筑，建于清代乾隆十六年（公元 1751 年）。在这座永佑寺的寺院后部，矗立着一座高大的宝塔，即为舍利塔，因为它是乾隆依照杭州六和塔而建，所以也称为六和塔。塔的平面为八角形，上下共有十层，通高 65 米。塔的底层带回廊，并且有伸出较为显著的出檐，塔顶为八角攒尖顶。塔身全部用砖石砌筑，坚固又防火。而塔层之间则有琉璃件砌饰的短出檐。

第四章 园林小品

盆景与盆景石

园林小品是园林中的一些小型建筑，笼统地来说，园林中除了厅、堂、楼、阁等比较大型的建筑之外，都可以看作是小品建筑。在众多的园林小品中，盆景是非常令人瞩目的一类，一般而言，盆景主要是指松树等树木盆景，但也有一些奇石盆景，它们是盆景家族中的特殊类别。树盆景以树的曲折多姿为最美，而盆景石的美主要显现在石的质地与纹理上。此外，还有一些盆景是石与树的组合，别具美感。

盆景

盆景

盆景在中国已有一千多年的历史，它是一种在盆内设置的景观，或是因盆而成的景观，如，在盆里种花、种树、植老树虬根，以形成各种小巧精致而又形象不同的盆景。盆景的最大特点就是：能将自然界的真山水或有生命力的花草树木等，浓缩在小小的花盆里，形成一种少而精致的立体式的画卷。它可以固定陈设在一处，也可以根据需要加以调动，放置在不同的位置，方便灵活。

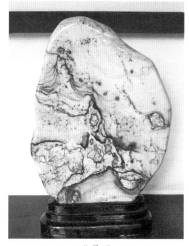

盆景石

盆景石

盆景石是盆景的一种，它与其他盆景的不同之处在于：盆景石盆景的花盆内放置的是石，可以是石块，也可以是石笋，而其他盆景内的景物设置则不限于石。园林盆景石所用石块多为太湖石，具有漏、透等湖石之美，极具观赏性，即使是单独置于花盆中的一小块也独具韵味。同时，也有很多盆景石所用石料为石笋，尖而细长，与真笋简直一模一样。除此之外，还有一些造型比较特殊的石类，或是本身的外形比较别致，或是石上的图案真实生动，都是比一般的盆景石要珍贵。

树盆景

树盆景

树盆景是盆景中的一种，主要是以松、柏等树木作为盆景内的观赏植物，虽然是树，但形态都不是很大，以独特的造型取胜。

树石盆景

树石盆景

树石盆景中不但有树，还在树旁伴立有石，树石相依，或是树生石上。树与石辉映，就像是自然园林树石景观的一个缩影。

草石盆景

草石盆景

草石盆景是以石为主，以花草、藤蔓等为辅的一种盆景类别。相对于树石盆景和树盆景来说，草石盆景更显参差错落、多姿多彩。

松石盆景

松石盆景

松石盆景是以松和石相配而成的盆景，盆中有松有石，松石相互映衬。松石盆景多营造坚毅和正直气节为内涵的形象，体形虽小，气势撼人。

海参石

海参石

海参石是北京故宫御花园三奇石之一，它位于御花园天一门左边铜狮子的前方。盆景的下部是方正、洁白的石雕须弥座，上部即是海参石。海参石长近80厘米，高60多厘米，同时又有一定的厚度。之所以称其为海参石，是因为石的造型有如一个个小海参，互相拥挤着挨在一处，有一种海参躯体柔软的质感，上面还能看到状似海参肉刺一般的小石刺痕，非常真实生动，有如海参的化石一般。但坚硬的石质却完全不像它看上去那般柔软。

诸葛拜斗石

诸葛拜斗石

诸葛拜斗石也是北京故宫御花园三奇石之一，它放置在御花园天一门右边铜狮子的前方，与海参石相对而设。诸葛拜斗石的下面也是一方正、洁白的石雕须弥座，须弥座上面是海水江崖纹，海水江崖的上面才是这块奇石。奇石的石面上有两块天然形成的纹样，一处纹样是在黝黑的岩石上有点点的雪白斑痕，就像北斗七星；一处纹样似一穿长袖袍的人正在对着北斗七星倾身参拜，就像是三国时的蜀国名相诸葛亮，所以称为"诸葛拜斗石"。

木变石

木变石

北京故宫御花园的第三块奇石，被称为"木变石"，它位于御花园东南角的绛雪轩的前方。之所以被称为木变石，是因为它原本是石，但看起来却好似一段朽木。而且这段看似朽木的石条高达130厘米，而宽和厚却分别只有20多厘米和10厘米，可以想见其形体的高直修长，矗立在那里真是亭亭玉立，虽如朽木却是朽中有奇。

其他小品

园林小品是园林中非常常见的点缀性景观，也是一个园林观赏点。在看似不经意间却能起到画龙点睛的作用，成为人们视线的焦点。园林小品除盆景之外，具体来说还有石桌、石凳、碑石、栏杆、花架、书条石，以及其他一些单独设置的雕刻品等，都属于园林小品之列。这些小品既是园林景观，同时又具有实用价值、艺术价值或是纪念意义。

石桌

石桌

园林景观追求自然、随意、开敞，而园林中观赏景物也是如此，也多安排得随意、自然、开敞，比如，亭、榭多是四面隔扇或是只用立柱，还有很多的地方则直接在露天处设置观赏点，置有桌、椅等以供赏景时坐息，或是供主人闲时下棋、读书。那么，既然是露天，哪怕只是建筑空间比较开敞，在风吹、雨淋、日晒之中，桌、椅等必然会加快损坏，所以园林用桌多置石桌，特别是露天之地，几乎都用石质桌。

石凳

在园林小品设置中，凳多是与桌配套使用的，一般与石桌相配的必是石凳，同样材质才更有和谐味道。石凳当然就是石质的小凳，多是圆鼓形，高度略大于宽度，肚腹略鼓。在一张石桌的四面摆放数个小石凳，可供多人共息同赏，或是在石桌旁只摆两只石凳，可供两人闲坐对弈。

石凳

碑碣

碑碣

碑是一种标志或纪念性设置，可以立在宫中、庙中，也可以立在陵墓中，更可以立于园林中。秦代以前的碑，上面没有镌刻文字，而从秦代起开始于碑上刻字记功，但当时还不称为碑而称为刻石或立石。汉代以后才将它称为"碑"。碣是一种相对体量小一些的碑，同时，它也是一种近似圆形的没有显著棱角的碑。现在常将碑碣连用，专指碑或是统称碑碣类设置。园林碑碣往往刻有名家书法，并且所录也多是名诗名文，雅致隽永，颇具艺术与欣赏价值。

书条石

书条石

书条石是一种类似于碑碣的刻石，它融文学、书法、雕刻等众多艺术于一身，在园林的长廊中常常可以见到，洁白的廊内墙壁上，嵌有一方方或大或小的石板，石板多为长条形，上面书刻有名家名诗或名文，所以称为"书条石"。书条石的作用与碑碣一样具有一定的纪念意义与欣赏价值，同时，它因为相对小巧又嵌于墙面上，所以比一般的碑碣看起来更为精巧雅致，又不需要另辟位置陈设，与园林的自然、随意、轻巧正相适应。

铜香炉

铜香炉

香炉是用来焚香的，置于寺庙前是为敬佛，而置于园林中或宫殿前，则是为了营造神圣、幽然的气氛。香炉用铜所制的称为铜香炉，在皇家的园林和宫殿中常见。北京故宫御花园是明清帝王的专用园林，其中设有铜香炉，尤其是天一门之前的铜香炉为御花园之最，是园林中一件看似随意实则颇具匠心的摆设。这座天一门前的铜香炉，主要供节日焚香之用。当香料燃起，其味沁人心脾，袅袅升起的烟雾衬托御花园恍如仙境。香炉的整体造型优美、线条流畅：上为重檐圆形攒尖顶；炉身雕刻有龙纹等精美图案，并有出烟的口，炉身下部有 S 形炉耳，炉耳下有三足，造型稳妥，形象空灵。

铜凤

铜凤

在各类园林中，能陈设铜质小品的一般都是皇家园林，如颐和园、北海、圆明园等，这些园林中多有铜质香炉、铜龙、铜凤、铜麒麟等设置。北京颐和园的仁寿殿前有很多设置，有对称排列的铜龙、铜凤、铜缸、铜鼎炉，还有铜质的瑞兽麒麟，它们的设置更烘托出了皇帝那种普天之下唯我独尊的气势。而其中的铜凤最是姿态美丽不凡，凤凰的头部高昂、身姿挺拔、两腿细而高，纤美俏丽、情态动人。

铜龙

铜龙

龙是中华民族最重要的图腾，同时龙在古代还是天子的象征，古代的皇帝常常称自己是天子，意思是说他乃真龙所生之子，是注定要做上皇帝统治天下的。龙的形象在古代是非常突出地显示了帝王的无上权威与尊贵地位，因此有龙形象的地方大多是帝王居所或活动之地，如皇家苑囿。在皇家的各大园林中，常在宫殿前设置成对的龙，并且多用铜来铸造，即为铜龙，非常尊贵。

铜麒麟

铜麒麟

麒麟是传说中的一种灵兽，其形象如鹿又如狮，全身生有鳞甲。虽然并不是真实存在的一种动物，但因为它具有吉祥、瑞气的寓意，所以成为极常见的中国古代装饰，在建筑绘画、雕刻中，经常可以见到它的形象。《礼记·礼运》："山出器车，河出马图，凤凰麒麟，皆在郊薮。" 麒麟的形象在中国古代的宫殿、园林、陵墓中都能见到，当然这里的园林一般只指皇家园林。皇家园林中的麒麟大多为铜质，除显示吉利、祥瑞之外，更添一分富丽高贵。

第五章　园林的铺地

铺地材料

铺地材料

铺地就是用新的材料对原有天然的地面进行人工铺设，使地面变得更为美观，这在园林中尤其显得重要，美好的铺地往往成为园林重要一景，值得人流连观赏。园林铺地的材料丰富，有砖、石、瓦等多种或是它们的混合，石有石块、卵石，砖有整砖、碎砖。园林铺地的最大特点是：内容多样，形式活泼，而风格清新雅致，铺地图案内容以极富欣赏性的混合型为主，具体来说，园林铺地纹样主要有人字形、席纹、方胜、盘长，以及各种动物、花草、人物等。

石子路

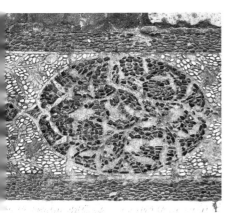

石子路

石子路顾名思义就是用石子铺设而成的路面，园林中使用石子铺地，不但自然美观，而且在下雨的时候也不怕有泥水弄脏了游人的鞋子，使游人不会因为下雨泥泞而放弃游玩。石子路的铺设，有时候可以是不经过刻意设计的单纯的石子路，即用石子简单地铺撒于地面上，有时候则可以特意铺摆出一定的花纹图案，更富有艺术性与欣赏性，使游人经过时产生不忍足踏之感。

鹅卵石铺地

砖铺地

鹅卵石铺地

鹅卵石与一般的石子相比，更圆润可爱，它们大多是位于河边、沙滩，经过河水、溪水的冲击，逐渐变得圆润没有了棱角，并且还多带有一种半透明的光泽，非常漂亮。用这样的石子铺地，自然带来一种水边的气息与天然的味道。一般的民宅使用鹅卵石铺地只是将石子比较随意地撒在地面上而已，园林中的鹅卵石铺地大多会较讲究，往往用石子铺设出特定的图案与花纹，使之在美中更添几分美。

砖铺地

纯粹的砖材料铺地，比较大方素雅，但在园林中并不是很突出，因为园林铺地大多追求的是一种艺术性与别样的美感，过于素雅、纯粹的砖铺地，在景致优美多样的园林中是不可能得到更多关注的，所以很多时候，砖铺地在园林中只是用作建筑周围的散水或是庭院之间的甬路，起着实际的行走功能，而装饰性要相对小很多。

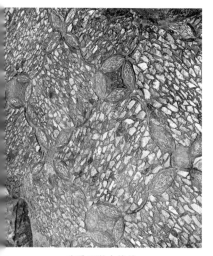

砖瓦石混合铺地

砖瓦石混合铺地

砖瓦石混合铺地也就是以砖、瓦、石等多种材料共同铺设而成的地面，这种地面在园林中比较常见，它们的组合形式与铺设图案也是多种多样。一般来说，砖瓦石混合铺地所用的砖、瓦、石的体量都较为碎小，这样便能在较小的面积之内最大限度地铺设出清晰可辨的图案或花纹。砖、瓦、石混合铺地的最大特点是图案变化丰富，因为材料多样，再经过一定的铺设，可以变换出较多而随意的图案，是极富有装饰性的一种铺地。

几何纹铺地

几何纹铺地是一种纹样比较简单而整齐的铺地形式。几何纹铺地所用材料也不外是砖、瓦、石等，只是铺设成的纹样为方形、圆形、三角形、六边形、菱形等几何纹，或是几种几何纹样的组合形式，素雅大方。

几何纹铺地

人字纹铺地

人字纹铺地大多用整齐的条砖，条砖呈倾斜相对排列，总体来看就像是人字形，所以称为"人字纹铺地"。人字纹铺地整齐、简洁、大方。

人字纹铺地

六方式铺地

六方式铺地是先用砖立砌一个六方框形，然后在其中嵌入不同的卵石或碎瓦片等，以形成一定的铺地图案。如果立砌成八方形，则为八方式铺地。此外，还有六方式和八方式的变异形式，这些都包括在六方式、八方式铺地里面。

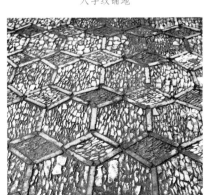

六方式铺地

冰裂纹铺地

冰裂纹铺地

冰裂纹也就是指自然界中的冰块炸裂所产生的纹样。使用冰裂纹作为铺地纹样，不但美丽，还能向人们传达出一种"自然"的信息，使人产生如身在大自然中的愉悦感受。冰裂纹铺地多用在园林中。

鱼鳞纹铺地

鱼鳞纹铺地就是铺地的纹样为鱼鳞形式，它也是园林中极富装饰性的铺地纹样之一。鱼鳞纹铺地的鱼鳞形外框大多以瓦为界，框出鱼鳞的形状，然后或在框内铺设碎瓦片、鹅卵石等，或是干脆以更小的瓦片来填充。相对来说，以鹅卵石来填"心"的更为漂亮、醒目。鱼鳞纹铺地若细看是一片片的鱼鳞，整体看上去又有如波浪，层层叠叠，绵延开来，整洁中带着柔美。

鱼鳞纹铺地

吉祥图案铺地

中国古代建筑装饰，不但讲求实用与美观，还非常讲究装饰的吉祥寓意，中国很多的建筑装饰图案都是吉祥图案，铺地吉祥图案即是这类建筑吉祥装饰图案中的一种。铺地吉祥图案从内容与吉祥寓意到图案的组合形式，与其他地方的建筑装饰相比并没有太大的差别，主要的不同在于铺地图案的材料使用，铺地材料当然要用砖、瓦、石之类，不能像彩画一样使用颜料绘制，也不能像墙面雕刻一样通过人工对砖块、石头的雕凿。吉祥图案铺地的图案内容主要有：寿字纹、万字纹、蝠纹，或是五蝠捧寿、八仙庆寿等。

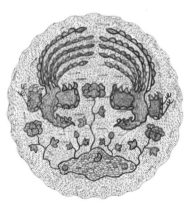

吉祥图案铺地

盘长纹铺地

套钱纹铺地

钱财是富贵的象征，甚至是地位的象征，有了钱财人们才可以吃穿不愁，这些是古人对美好生活的一种解读，因此，便由古代的钱币演变而产生了一种套钱纹。将铺地材料铺出套钱纹样的铺地就称为套钱纹铺地，它也是一种形式较为优美，而寓意美好的铺地。套钱纹铺地一般多用瓦片、瓷片、卵石等材料，先在地面上铺设出套钱纹样的大框架，并使两个套钱的钱孔相套，形成相套相连形式，表示财源滚滚而来。在铺地中，套钱纹可以单独使用，也可以和其他纹样交错使用。

寿字纹铺地

盘长纹铺地

盘长是佛教八宝之一，在佛教中寓意"回环贯彻、一切通明"。后来，渐渐发展成为一种世俗的装饰纹样，用在建筑中。尤其是在园林中，盘长纹铺地的运用非常常见，并且实例还比较多。盘长纹铺地可以运用在园林内的曲折小径上，也可以运用在园林内的开阔庭院中。它在园林中的使用意义是对佛教寓意的延伸，表示幸福、美好的生活等，没有止境，永不消失，表达着人们的一种美好愿望。

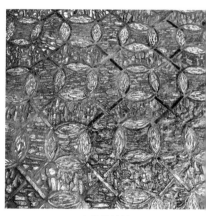

套钱纹铺地

寿字纹铺地

寿字纹铺地是铺地纹样中比较常见的一种，带有祝福长寿之意，寿字纹铺地的寓意非常不错。不过，它的摆放也并不是多复杂，也就是用铺地材料在地面上铺成一个"寿"字，作为地面装饰纹样。如果在园林中游赏一条长长的小径，从头至尾连续铺设出一个个的寿字，则走到尾也就如同走了一条长寿之路，寓意是非常美妙、吉利的。寿字纹铺地在庭院、园林中都能见到，尤其是在皇家园林中，寿字纹铺地极为常见。

万字纹铺地

万字纹铺地

万字纹也就是"卍"，是一种佛教符号，有一种连续不断、生生不息的意思，而其寓意更有"万寿无疆""万古长存"等吉利的一面，所以历来都是人们在建筑装饰中最爱使用的纹样，如园林建筑室内的隔断、室外的栏杆等处，都经常会使用到万字纹。将万字纹运用到铺地中，即为万字纹铺地。为了增加铺地纹样的丰富感、层次感与艺术美感，人们往往还会在万字纹中间插入一些其他纹样，如芝花、如意、梅花、海棠等，与之组合，形成吉利而又高雅的艺术图案。

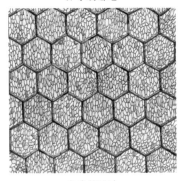

龟背锦铺地

龟背锦铺地

龟背锦就是由有如龟背壳上的纹路一样的纹样组合而成的图案，它的大体形象是一个六边形，一个个的六边形纹样连续不断地组合，就形成了龟背锦图案。龟是长寿的动物，传说能活万年，所以人们常用龟寿来比喻或祝福老人长寿，因此，由龟背壳演变而来的纹样也便成为中国古代的一种常见吉祥图案。将这种龟背锦图案运用到铺地中，即为龟背锦铺地，图案大方稳重。

暗八仙铺地

暗八仙铺地

暗八仙也是一种装饰图案，它是因八仙而名。所谓八仙即中国古代传说中的八位神仙，分别是张果老、铁拐李、韩湘子、蓝采和、何仙姑、曹国舅、吕洞宾、钟离权（汉钟离），他们八人各有一件法器，可以作为他们的代表，即鱼鼓、葫芦、洞箫、花篮、荷花、云板、宝剑、扇子，这八样法器就被称为"暗八仙"，暗八仙铺地即用这八样法器作为铺地的图案，它与八仙的寓意相同，但构成更为简单，构成形式却又显得丰富多变。

五福捧寿铺地

五福捧寿图案内容为五只蝙蝠围绕着一个团寿字。寿是长寿、高寿，没有人不希望健康长寿，所以寿字常出现在装饰图案中；"蝠"字音同福，以蝠为装饰图案，寓意福在眼前、幸福将至。福寿结合，更是吉祥无限。以五福捧寿为内容的铺地，在中国古典园林中也是比较常见的，苏州的狮子林、拙政园内都有这样的铺地。

五福捧寿铺地

植物图案铺地

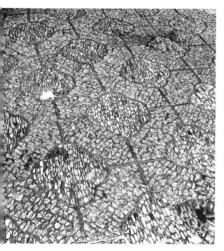

铺地图案以植物为内容、题材的形式，都称为植物铺地图案，如牡丹花、荷花、水草、海棠花、枫叶、梅花、兰花等。中国古典园林追求的是自然山水与自然界的花草树木之美，所以铺地中使用植物图案，与整个园林的景观、意境更为谐调、相应，为园林更添自然意趣，更产生一种清新、宁静之美。

植物图案铺地

海棠花纹铺地

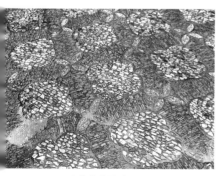

海棠花多为四瓣式、十字形，花形简单而小巧，看似不起眼，但组合起来作为装饰图案却非常精巧、雅致，令人喜爱。海棠花形除了本身的圆润可爱、完满合一的特色之外，它还有一种吉祥的寓意，如与牡丹花组合称为玉堂富贵，就是非常吉利的一种装饰图案。海棠花纹作为铺地纹样，大多是单独使用，或是与冰裂纹结合使用，整体风格呈现一派雅致。

海棠花纹铺地

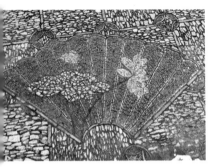

荷花纹铺地

荷花纹铺地

荷花也称莲花，是著名的观赏植物，在中国古典园林内的水池中常有种植。荷花出淤泥而不染，品性高洁，被誉为花中君子，是古人眼中高洁品质的象征，同时它也象征品格清高。因此，荷花倍受人们喜爱，不但多于园林水池中种植，还要将它作为建筑或地面上的一种装饰，其中用在地面上的即为铺地，或是用石子，或是用砖瓦，或是将几种材料组合，都能在地面上铺设出雅致的荷花纹来。

叶纹铺地

叶纹铺地

叶纹铺地就是铺地图案为叶子，或是树叶，或是花草的叶子，不同树木和不同花草的叶子形象各有不同，相同树木或花草的叶子也会有些微的区别，所以按照自然生长的叶子形象来铺设的地面，图案会非常丰富、美观。同时，叶纹铺地中所用叶子的形象，若与其近处的树木、花草相应，更富自然意趣。

动物图案铺地

动物图案铺地

动物图案铺地就是以动物为装饰题材的铺地，这种铺地在园林中也极为常见，其美感不亚于植物图案。如果说植物图案表现出来的是自然、清新，那么动物图案表现出来的则是活泼与生气。动物图案的铺设相对来说，比植物图案要复杂一些，不过我们从园林中的动物铺地实例来看，却大都能将这种复杂用简练的手法表现出来，同时又不失它的生动性与形象性，巧妙贴切。

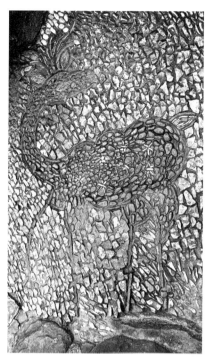

鹿纹铺地

鹿纹铺地

鹿是一种漂亮而可爱的动物，乖巧活泼，反应灵敏，警觉性高，善于奔跑。中国古代的苑囿中常常设有鹿苑专门养小鹿作为观赏之物。鹿被视为神物、灵物，所以，鹿的出现便显示祥瑞的降临。鹿又是长寿的象征，因此，人们常将它与鹤组合，形成一幅"鹿鹤同春"吉祥图。"鹿"字与"禄"字同音，因此，鹿又代表官俸、财富。以鹿纹作为铺地纹样，既取其漂亮活泼的特点，又取其福禄的吉祥寓意。

鹤纹铺地

鹤纹铺地

鹤纹铺地就是用石、砖、瓦等材料，在地面上铺设出仙鹤图案。因为鹤在古代被看作是不凡的鸟类，它有"长寿"的象征意义，常和松柏组合在一起表示"松鹤延年"。铺地中的鹤纹一般都比较写实，大多是一鹤独立的形象。

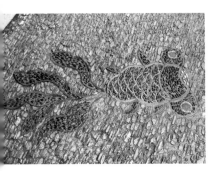

金鱼纹铺地

金鱼纹铺地

鱼在中国古典园林中常有放养，多是养在园林水池中，也有的养在专制的鱼缸中。鱼有"年年有余"的意思，象征富裕有余。而形象可爱漂亮的金鱼，更与"金玉"谐音，象征"金玉满堂"。所以，在中国古建筑和古园林中也常使用金鱼纹作为装饰，金鱼纹铺地即是其中之一。金鱼纹铺地多用瓦与卵石铺设，形象也以写实居多。

凤纹铺地

凤纹铺地

凤是一种神鸟，传说是百鸟之王，长得非常美丽，常用来象征祥瑞，同时还有凤凰出现天下就会有安宁的说法，因此，凤凰是吉祥、富贵和美丽的象征。凤凰飞舞姿态优美，有如舞蹈，代表欢乐。凤凰作为装饰图案时，常与牡丹或龙组合，与牡丹组合寓意为富上加富，贵上加贵，凤凰与龙组合象征龙凤呈祥，龙凤和鸣，夫妻和美。凤凰作为铺地纹样时，有组合纹，也有单独的凤纹。

第六章 外檐装修

门

外檐装修指的是对处于室外或分隔室内外的木构件的安装制作，其构件包括门、窗、栏杆、挂落等。外檐装修起到围护、遮挡、通风、采光等功能。而且，对于建筑外部造型来说，它是最有直观性的、起到丰富建筑的立面和美化建筑外观的作用。在园林建筑的整体造型中，外檐装修使建筑物的外部形象更加精细，同时给建筑增加了相当多的能够吸引人视觉注意力的装饰要素。丰富多彩的外檐装修使中国古典园林建筑更加富丽、秀美。

门指建筑物内部或外部沟通两个空间的出入口，也指出入口屏障开关的设备，如：板门、棋盘门等。现在我们说的门，古代称出户。门往往指有门扇的出入口。门扇关闭时起屏障作用，具有防护、保温及隔声、隔热的功能。其实，门指的是平面上的一种制式布局，我们所说的门主要是指作为建筑的一种材料的门扇。园林中的门各式各样，除了高大的园林大门外，园林内部的门更是花样百出，而只开门洞却没有安门扇的洞门更是别具一格，这样的门可以通行、通风、推景、借景。另外还有制作精美的隔扇门，形制特别、各具特色。

门

洞门

洞门

在一面墙上开出一个符合人体尺度、可以供人通行的洞口，不装门扇，重重相通，形式千变万化。有圆形、长方形、月亮形、葫芦形、秋叶、宝瓶等多种形式。这种形式的门出现在园林中有通风采光的功能，又达到分隔空间的作用，人们还可以透过各种形状的洞门看到不同的景观，起到框景、借景的作用，产生步移景异的效果。

月亮门

月亮门

在墙上挖洞口，设置成月亮的形式，这样的洞门就叫月亮门，有时也称月洞门。隔门观景，虚实相间，在不同光影的照射下，景物产生丰富的变化。月亮形门洞反射在景物上的阴影使园林景观更是别有一番情韵。

瓶形门

海棠门

隔扇门

瓶形门

顾名思义,瓶形门就是形状如瓶形的洞门。瓶形门和葫芦形门有些相似,上部较小、下部略大,呈弧形。门洞的设置既不影响人们通行,还突显出"汉瓶形"的门框形式。园林中经常在两处相对的景点上开设洞门,相互形成对景,别具雅趣。

海棠门

海棠式形状的门占墙面面积较大,偌大的一面墙上开出一朵状如四瓣海棠花样的洞门,过往的人们正好从花心处穿行,十分巧妙。不管是哪种形状的洞门,两侧的墙体都很厚,所以洞门的直径较大,呈圆筒状,使人产生一种幽深之感,极大地增加了园林的活泼气氛和艺术效果。

隔扇门

隔扇门是一种安装在门框上的可以自由活动的框架。隔扇门扇一般分作隔心、绦环板和裙板三部分,位于上段的隔心是隔扇的主要部分,也是装饰的重点,通常做成棱花形隔心,可通风采光。园林中的隔扇门通常做得很轻薄,而且漏空较多,南方园林最常见的是做成落地明造的长窗形式,即隔扇全用隔心而不用裙板。隔扇门可以是四扇、六扇或八扇组成,大片的空心窗格花纹产生极富变化的韵律感,加强了房屋的艺术魅力,使园林意境浓郁。

窗

窗

窗指设在房屋的顶上或墙壁上的孔洞，用以通风通光。窗的最早形态出现在人类的穴居时期，为了房屋采光和通风的需要，在窑穴的顶部凿洞，称作囱，也叫天窗。随着人类的进步，建筑的发展，出现了地上房屋，这时开在墙壁上的窗洞则称作牖。随着建筑不断地发展进步，窗的形制也在不断地变化，当经济条件和建筑技术允许人们建造大房子的时候，为了使室内获取更多的光线，空气流通，大的窗和镂空很多的窗相继出现，而且对于窗的装饰也越来越重视。如常见的槛窗、支摘窗、漏窗、什锦窗等，各式各样，各具特色，尤其在园林中，窗的类型更加丰富，更加精彩。

槛窗

槛窗

槛窗安在槛墙上，上下有转轴，可以自由地向里或向外活动。槛窗和外檐隔扇的做法有些相似，但高度上的尺度相对较小，像是隔扇的变体。一般来说，同一座建筑上的槛窗棂格纹心和隔扇隔心棂格纹是相一致的，而且槛窗最底下的边正好和隔扇门裙板处相平行。槛窗的使用有利于室内的通风透气，增加建筑的通透性。槛窗由于形式庄重，一般都被应用在正式的厅堂或园林的重要建筑中。

支摘窗

支摘窗

支摘窗是一种可以支起、摘下的窗子，窗子分内外两层、上下两段。内层固定，可以安窗纱或玻璃，起到遮挡风雨、寒气等的作用；外层上段可以支起或推出，下段则可以摘下，使用方便。南方园林的支摘窗通常做成三段，分成上、中、下三排窗，中间的一排可以支起，上下层则固定不动，不但具有普通支摘窗的实用性，还具有装饰性。

和合窗

和合窗属支摘窗的一种，其实也就是
南方地区常用的支摘窗形式，全窗分
上、中、下三段，上下两扇固定，中
间一扇可以向外支起，设置精巧，而
且窗上还布满了各式各样的棂格纹样
和雕刻等装饰，显得极其精致、典雅。

和合窗

长窗

长窗是隔扇窗的一种，整扇窗全做成隔心
的形式，即落地明造的做法。实际上它是
一种隔扇门的形式，在南方常用，特别是
在南方的园林中。可以说长窗专指南方园
林中使用的隔扇窗。

长窗

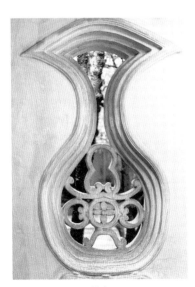

花窗

花窗

花窗是在墙壁开出的空窗中，对窗棂
进行各种雕刻，通常雕成花草、树木、
鸟兽、果实等各种图案。花窗的形式
极富有装饰性，灵巧活泼，艺术效果
强烈。

漏窗

漏窗

漏窗通常设在围墙、隔墙或游廊的墙面上，又被称作透花窗或花墙窗。漏窗的形式多样，变化丰富，窗形可以是桃形、瓶形、海棠形以及其他几何形等。窗内可用棂条拼成各式图案或雕刻成各种实物形象。用在园林建筑中的漏窗既美化墙面、沟通空间，又有借景、框景的功用。漏窗的形式繁多，根据材料还分为石漏窗、砖漏窗和木雕漏窗。

成排漏窗

成排漏窗

成排漏窗是指连成一排的漏窗，多用于园林围墙或是园内隔墙的墙面上。漏窗整排通常设置在墙体的上部，中间多以青灰瓦片相叠，构成各种花形样式。成排漏窗的使用大大增加了空间的沟通效果，美化了园林景观，整个墙体犹如一面花墙，十分精美，隔窗望景，雾里看花，意境深邃。

空窗

空窗

在园林的围墙、走廊或亭榭的墙面上开设窗孔，窗孔空着，不装窗扇，这就是空窗，又被称作月洞。空窗大多和洞门同时使用，使框景、借景的效果更加明显。空窗的形式多样，简单的有长方形、正方形，还有精巧的六角形、扇面形、葫芦形、秋叶形等形式。

什锦窗

什锦窗是一种极具装饰性的漏窗或空窗，其变化主要在窗的框形。在北方四合院民居中经常采用什锦窗。而在中国各地古典园林中什锦窗更为常见。用于园林建筑中的什锦窗包括几何形、自然形、样式丰富、造型精美，具有美化环境、沟通空间、框景、借景等作用。园林中的什锦窗多安于围墙、亭、榭及游廊的墙面上，高度与人眼睛的高度相适宜，便于人们游赏时透过窗洞观赏隔窗景致。

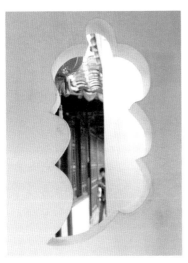

什锦窗

门窗棂格花纹

门窗棂格花纹指的是雕刻在门窗棂格内的花形图案，或由木条相拼而成的棂格花纹。门窗棂格花纹的题材大多取意美好，是人们对平安、幸福、欢乐、美满生活向往的象征。无论是隔扇门，还是槛窗、支摘窗、风门、帘架，其隔心的部分都是由棂条花格组成的。或简单，或复杂，都是经过人们精心设计的，各种各样的棂格花纹是中国外檐装修门窗构件最为精彩的部分，它们体现了中国古代劳动人民的智慧和才能，是中国古老文化在建筑装修上的象征性的表现手法，生动形象，寓意深刻。门窗棂格花纹作为门窗不可缺少的一部分，对于园林来说不仅表现建筑的整体形象性的意义，而且更具有装饰意义，使园林建筑看起来更美观、更富有情趣。园林建筑门窗棂格常用的花纹有步步锦、灯笼锦、龟背锦、冰裂纹等。

门窗棂格花纹

步步锦

步步锦又称作步步紧。由长度不同的横竖棂条按规律组合排列而成的一种窗格图案。步步锦窗棂格又由工字、卧蚕或短棂条相连接，按照顺序排列出各种不同的图案。步步锦窗格图案优美，深受人们的喜爱，其中还蕴含着"步步锦绣，前程似锦"的美好寓意。

灯笼锦

灯笼锦是根据古时候灯笼形状演变而来的一种窗格图案。灯笼锦窗棂格由棂条排列起来，棂条间又加以透雕的团花、卡子花将棂条相连接，结构巧妙，形式优美。灯笼锦中间形成的较大的空间不仅有利于室内的通风和采光，而且极具装饰性。灯笼的形象给人带来无限的温馨感，并蕴含"前途光明"之意，深受人们喜爱。

龟背锦

古人将传说中的神龟视为吉祥之物，因此常将龟背上的图案做成窗棂格花纹。龟背锦的具体花纹形式是以正六角形为基本图案，形成如龟背样式的棂条花纹，十分形象，给人以美感，并寄托着人们"延年益寿"的美好心愿。

盘长纹

盘长纹的图案来源于印度古代的传统图案，盘长是佛家八宝的一种，寓意"回环贯彻，一切通明"。盘长纹是用棂条做成来回反复缠绕的形式，形成回环往复的纹样，正是"连绵不断，生生不息"的意义，十分精巧且寓意深刻。

步步锦

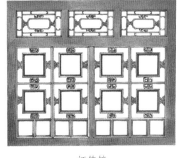

灯笼锦

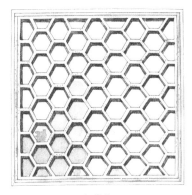

龟背锦

盘长纹

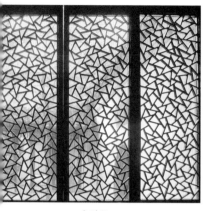

冰裂纹

冰裂纹

顾名思义，冰裂纹就是像冰块裂开了的纹样。这是一种冰面炸裂开时产生的自然现象，经人们丰富的想象和艺术的加工，作为棂格的图案使用。冰裂纹除了常用于门窗棂格外，还常作铺地纹样。这种来源于自然现象的纹样很轻易地就能让人产生一种回归大自然的感觉。

栏杆

栏杆本指阑杆，是用竹、木、铁、石等材料做成的建筑物的拦隔物。栏杆是中国传统建筑中十分常用的一种构件。栏杆在中国建筑装修中具有悠久的历史。从出土的一些周代铜器和礼器可以推断出栏杆的起源应是从这一时期开始的。在汉代的画像石上，出现了一种在桥上设的很简单却很现代化的横线条栏杆，有点像现代西方建筑中的摩登栏杆；一种是《函谷关图》上的栏杆，其形制和寻杖栏杆有些相似；另一种出现在明器上的栏杆是用

栏杆

横竖木板钉成的横栏，看上去笨重朴实。

南北朝时期，栏杆的花样越来越多，出现了曲尺栏杆，而且栏杆上部扶手处已经做成了圆形的横杖，称作寻杖，应为早期的寻杖栏杆。宋代以前的石栏杆柱间多使用雕花板。明清时期的栏杆开始用荷叶净瓶、望柱头、栏板的雕饰更加复杂，栏杆变得更加华丽、美观。

形形色色的栏杆，极大地丰富了中国传统建筑装修的内容，因其独特的外观、巧妙的构造使中国古代建筑充满浓郁的情趣魅力和艺术美感。

栏杆对于园林建筑，更是不可缺少的组成部分。无论是大的殿堂、小的亭榭，还是花园、水岸，甚至是建筑的室内，几乎都有栏杆的设置，既可以起到维护安全的作用，也是极好的装饰品。另外，还可以使相似而又不同的景区连接或是分隔，大大丰富了园林的空间层次感。

石栏杆

以石头为材料加工而成的栏杆就叫石栏杆。多高大，而且坚硬。石栏杆最早大约出现在隋唐时期，宋代的石栏杆应用广泛，据《营造法式》记载，当时的栏杆多是

石栏杆

单钩栏和重合栏的形式。明清时的栏杆在宋代栏杆的形式上多加瞭望柱，大约隔 1.3 米就有一个，而且栏板的两端多用抱鼓石，气势上有所加重，同时，还使用了寻杖、华板等部件，栏杆的形制更加完整。石栏杆在园林中的应用十分普遍，不管是北方的皇家园林还是江南私家园林，或是寺观园林里都十分常见。如建筑四周的石栏杆可以起到保护建筑台基的作用，而园林水池边的石栏杆则起到分隔景区、安全维护的功能。

砖栏杆

砖栏杆

完全以砖作为材料砌成的栏杆就是砖栏杆。在园林建筑的台基边沿或水池岸边等处较常见，它的砌法也比较简单，一般只是在低矮的墙上砌成带花纹的砖。较华丽一些的砖栏杆是皇家园林中用带有光泽的彩色釉面砖砌成的琉璃栏杆。

木石栏杆

木石栏杆

用木、石两种材料混合而成树立的栏杆，即是木石栏杆。一般来说，都是用石头做望柱，这样坚固、稳重、柱间横向安置两条圆形寻杖，由木料做成。石头的粗犷、坚硬与木材的光洁、柔韧形成对比，形式感强。木石栏杆多用于园林的水池边缘或假山石的外边缘。

木栏杆

木栏杆

木栏杆是用木头做成栏杆，多指寻杖栏杆，在园林中运用十分普遍。亭、堂、楼、阁建筑外檐挂落下的坐凳栏杆多是木栏杆的形式。而且由于木质易于处理，许多种造型别致的栏杆大多都是木质的栏杆，如靠背栏杆、花式栏杆、美人靠等。

琉璃栏杆

鹅颈椅

鹅颈椅

鹅颈椅又称美人靠、吴王靠、飞来椅，是栏杆的一种。鹅颈椅是安装在半墙面的形似椅子靠背的栏杆，供人休息之用。常用在园林的亭、榭、轩、阁等小型建筑的外围，做栏杆，也做椅子。

琉璃栏杆

用琉璃构件建造或用琉璃砖贴面的栏杆叫琉璃栏杆，多见于皇家园林，它是一种装饰性极强的栏杆形式，由于色泽艳丽、强烈，因而非常华美。

美人靠

美人靠

美人靠也就是鹅颈椅。

吴王靠

吴王靠

吴王靠也就是鹅颈椅，造型近似栏杆，高度在50厘米左右，长度依所属建筑开间的尺寸而定。

靠背栏杆

靠背栏杆

靠背栏杆是在坐凳栏杆的平板外侧安上30厘米左右高度的靠背，可以供人斜躺休息，这种栏杆就称靠背栏杆。靠背栏杆多用于园林临水建筑外围，起到安全的作用。栏杆的靠背大多呈弧形，依人的背部呈曲线状，既有一定的实用功能，又颇有装饰效果。

坐凳栏杆

坐凳栏杆

坐凳栏杆是在廊柱根部安装矮栏，上面架半尺或一尺多宽的平板，平板上涂抹油漆，就像条凳，供人们坐下休息，方便舒服。多用于园林建筑，有时也用于宫殿及府邸宅院中。

寻杖栏杆

寻杖栏杆

寻杖栏杆属于檐里栏杆，主要由望柱、寻杖扶手、绦环板、地栿等构件组成，并以其最上部的寻杖而得名。寻杖栏杆最早出现在汉代，到了魏晋南北朝时期，寻杖栏杆已经具备了基本的形制。寻杖栏杆广泛应用始于隋朝，并出现了许多石制寻杖栏杆。在园林中较常见的还是木寻杖栏杆，不仅起到维护安全的功用，还极大地丰富了园林景观，起到区分景点区域的作用。

栏板栏杆

栏板栏杆

不设寻杖，只有望柱和柱间的栏板，所以栏板特别突出，故称栏板栏杆。这种栏杆又根据其做法的不同而呈现出不同的特点，如有在栏板上作透空雕刻的，也有不作任何装饰表面平整的，有的还在雕刻的栏板上下加横枋，形式各不相同。

花式栏杆

花式栏杆

花式栏杆是寻杖栏杆的变形和简化，花式栏杆通常不用寻杖，也就是花式栏杆比寻杖栏杆减少了寻杖这个重要构件。但是花式栏杆将整个栏杆板心做成各种花样，用料较轻巧，而且花式变化丰富，样式别致。从这一点上来说它比寻杖栏杆更美，更富有艺术性。花式栏杆常见的纹样有冰裂纹、盘长纹、龟背锦等。

瓶式栏杆

瓶式栏杆

瓶式栏杆是一种西洋式栏杆，栏杆中的主要部分多是只有直棍条，而不是栏板形式，更重要的是这些直棍是用木料旋成的瓶式，因而名称十分形象，俗称西洋瓶式栏杆。这种栏杆出现在清代，是受到外国建筑的影响之后出现的一种栏杆形式。这种栏杆形式在中国古典园林中，相对比较少见。

透瓶栏板

透瓶栏板

透瓶栏板是中国古典园林中最为常见的一种栏杆形式，主要由禅杖、净瓶和面枋等组成。禅杖也就是寻杖，位于栏板的最上部，横直如杖。栏板的下部是面枋，是栏杆雕刻最重要的部位。处在栏板中间连接禅杖和面枋的就是净瓶。标准式样的透瓶栏板，净瓶上多雕荷叶或云纹。净瓶实际上就是一个瓶形的装饰。下部为瓶身，瓶口上雕荷叶、云朵等花纹。一般来说，在两个望柱之间有三个净瓶，中间是完整的瓶子，挨着望柱的则是半个瓶子。拐角处则多做成两个，即两个都是半个瓶子。

第七章　内檐装修

内檐装修定义

内檐装修是指用于建筑的室内，用作分隔室内空间并美化室内环境的装饰、陈设等。内檐装修与外檐装修相比，它不具备承重的作用，不与建筑的木构架发生直接的承重结构关系。从建筑的构件上来说，内檐装修只是一种辅助品。所以在内檐装修构件的用材和形式上都体现了很大的自由性，不管是园林还是宫殿或是民居，都可以根据经济条件和个人喜好对其建筑进行装修，随意灵活，变化自由。所以从外观上来看，内檐装修与外檐装修相比，更加美观、细致，装饰手法更加多样化，形式更加丰富多彩，也更人性化。见于园林建筑的内檐装修，不同类型的园林也体现出了不同的风格，但其形式也主要有罩、屏、碧纱橱、纱隔、博古架、太师壁等。其中罩是室内装修中最富于装饰性、最活泼的一种隔断形式。

内檐装修

罩

罩

罩有笼罩的意思，它可能是根据帷帐的形式演化而来的。古时候建筑的室内多用帷帐作空间的分隔，现在也有采用纺织物作为软隔断形式。而且经常在帷帐上做各式各样的绣花、补花、拼花、印花，以增加室内的装饰效果，使整个空间看起来更加华丽，富有美感。罩经常用在形式相近却又不完全相同的室内区域之间。在园林建筑中的厅堂里，通常在左右两侧安装罩，中间为厅堂，两侧为次间布置。罩其实是属于室内开敞的装修形式，表面看上去是起到分隔室内的作用，但却完全是象征性的，只起到装饰的作用。给人一种似隔未隔、似分未分的空间幻觉，既丰富室内的装修，使房屋内部变得更加精致典雅，又增加室内空间的层次感。同时，在园林的亭、榭外也设各种形状的罩，具有框景、借景的作用。罩不仅在园林建筑经常使用，在民居住宅中也很常见。根据其不同的形式可以将罩分为落地罩、栏杆罩、几腿罩、花罩、炕罩等。

栏杆罩

栏杆罩

栏杆罩形似栏杆，将室内开间的进深分成三部分，两边立柱，中间留出较宽的空间供人走动。栏杆罩上没有隔扇，在两边抱框之间、中槛与地面之间安装垂直竖立的框架，左右两边紧挨地面的部位上安装栏杆，与框架和抱框相连接，栏杆上雕饰精细的花纹。

落地罩

几腿罩

炕罩

落地罩

落地罩安在室内面阔方向的左右柱间或进深方向的前后柱间。它的主要特点是在柱边各安一扇隔扇，中间留出宽敞的空间，两边隔扇的上面横加横披窗，横披与隔扇垂直相对的地方安装花牙子或小花罩，两边隔扇下面设有矮小的木质须弥座，须弥座上的各部分通常雕刻花纹。

几腿罩

几腿罩看上去像是茶几的几腿一样竖立在地面上。几腿罩的两边向下垂直，上部呈穹隆状，雕刻精细，两端有小垂柱，就像几案的腿，所以得名几腿罩。几腿罩在南方也称为天弯罩，在园林中经常用于外檐的装修，用于室内的则更加精致一些，常见的有用棂条卷曲盘绕做成的各种花形、朴素美丽。

炕罩

炕罩的形式与落地罩相似，是用于炕前边沿或床前边缘的罩，也称作炕面罩。炕罩一般安装在炕或是床的正面方向。炕罩的顶部安横披，两侧一般分别安装有两扇隔扇，一扇固定，一扇可以自由活动。炕罩里面的一侧通常架帐杆，上面吊挂幔帐，就像帘子一样。有的则将罩与床联为一体，罩的两边隔扇与床连接在一起，中间留门处还安上矮栏杆，十分规整，木件上雕刻花纹，整个床榻犹如一件精致的工艺品。

花罩

花罩

花罩是落地罩和几腿罩的组合变形体，也可以说成是几腿罩的落地做法。花罩最突出的特点就是雕缋满眼的花纹，并且这些花纹大多为寓意美好的吉祥图案。如岁寒三友、松鹤延年、子孙万代等，内容丰富，花样繁多，也因此而得名"花罩"。另外还有一种花罩是将雕饰布满整个房间，只在门洞和窗口处留有空间以供人出入，十分精美，令人惊叹，但却是极为奢侈的做法。

飞罩

飞罩

飞罩形如拱门，架在空中，两端下垂不落地，形式优美，如燕子展翅欲飞，所以得名飞罩。飞罩一般用在脊柱或纱隔之间，是较小型的罩的形式。

挂落飞罩

挂落飞罩

挂落飞罩介于挂落和飞罩之间，两端下垂不落地，但却比飞罩短。是罩，但是看上去又像是挂落的形式，所以称挂落飞罩。挂落飞罩比一般的挂落更富有装饰性，比一般的罩又显得轻巧简单，比较别致。

天弯罩

落地明罩

天弯罩

天弯罩是四川一带人们对几腿罩和飞罩的一种称呼，其罩的顶部呈穹隆状，中部略有突出，两端下垂不落地，形如天空中的弯月一样，因而得名天弯罩。

落地明罩

落地明罩指隔扇的一种做法，在罩中的横披下方左右使用隔扇，以隔扇作"足"着地，并且隔扇整个扇面都用隔心，不用裙板，全部透空，饰以雕花，玲珑剔透，称作落地明罩，也常称为落地明造，在南方园林中应用广泛。

屏

屏即指屏风，也指起装饰作用的挂在墙壁上的条幅字画，又有遮挡景物起屏障作用的挡门小墙，即屏门。而作为屏风的屏是中国古建筑室内装修的重要形式之一。用于园林中的屏大多由四到八扇的板扇拼组成一排板壁，大小与纱隔相同，表面平整光滑。屏用来分隔室内的空间通常安在大厅金柱的中心部位，以使大厅前后分隔开来，而且还可以遮挡后檐的出入口或是设在后墙处的楼梯。屏作为分隔室内空间的隔断，同时也是装饰的对象，在园林的厅堂里，屏上多雕刻诗文或山水画，美观大方。另外还有一些独立的屏，主要起到装饰的作用。如宝座或榻后面的座屏，专门用来绘画的画屏及可以折叠或插起来的屏等。

屏

屏风

插屏

屏风

室内挡风或作屏障的用具，安装在大厅明间后檐的金柱间，通常由四扇或八扇组成，多者有十二扇。一般都先用板壁做成骨架，然后糊上纸或绢，并作上画与诗文，颇具装饰效果。屏风的作用相当于垂花门后面的屏门一样，有遮挡景物的功能，同时作为隔断又起到分隔空间的作用。

插屏

插屏是一种可以插起来的屏风，整个屏风犹如一面镜子，下面有插座，使用方便、简捷。

折屏

折屏

折屏是可以折叠起来的屏风，这种屏风一般做工精细，用材轻巧，尺寸比人高出一段，可以随意挪动位置。

座屏

座屏

座屏是带有底座而不能折叠的屏风，形状如折屏，但其体量一般较小，可以放在桌案上作为装饰。当然也有较大的座屏，如皇宫大殿宝座后面的屏风一般都属于座屏，用其作屏障，显示出高贵、非凡的地位。

画屏

画屏

屏风的一种，在屏风的框架内或棂格上糊纸或布绢，然后在所糊的纸或绢面上绘画或写上诗文，主要起装饰作用，称作画屏。画屏比一般的屏风更显雅致，更富有文化与艺术气息。

素屏

素屏

素屏与画屏相对，是一种较为简朴的屏风。屏风上不装饰任何图画或诗文，素面朝天，保持本来面目，显出回归自然的情怀。

曲屏

曲屏

折屏的一种，也叫"软屏风"，可以折叠。它与普通屏风不同的地方就是不用底座，而且大多都是由双扇数组成，最少的仅有两扇，常见的是四扇或六扇，最多的达十扇，甚至是十二扇。曲屏屏风的屏心通常用帛绢或纸制作而成，上面饰以彩画或刺绣，十分精美。用时打开，不用时可折叠收起来。园林的厅堂中多用曲屏，屏前设宝座、条案等物品，烘托室内陈设的庄重气氛。

其他

园林建筑内檐装修丰富多彩，除了各式各样的罩、屏装修形式外，还有其他各种在内檐装修中同样起着很重要作用的装修构件。如碧纱橱、纱隔、太师壁、博古架等，它们在功能上同样起到分隔室内空间的作用。不仅如此，像博古架、书架等，除作隔断用外，还具有一定的实用功能，如博古架可以用来陈设古玩器具、书架可以放书等。而在南北园林中形式相似却名字不同的纱隔和碧纱橱则更是内檐装修中不可缺少的装修形式。无论是纱隔还是碧纱橱，或是博古架、书架等，又因其不同风格与造型为园林内檐装修增加了不少情趣和艺术性。

纱隔

纱隔

纱隔在北方称碧纱橱，形式和结构与隔扇相似，但做工更为精细。隔心的背面钉上木板，板上裱字画，也有糊绿纱或安玻璃的。纱隔的隔心经常分作三部分，中部作长框，四周镶花纹装饰，裙板雕刻花纹，十分精美。纱隔经常整排使用，由六扇或八扇隔扇组成，以中间两扇做门可以经常开关，供人出入；有的则将中间留出门洞，不安纱隔。选材优良的纱隔，并配以浮雕图案和诗文绘画，使建筑室内充满文化艺术气息，极富装饰作用。

碧纱橱

太师壁

多宝格

碧纱橱

碧纱橱在南方称纱隔，是内檐装修的一种，与外檐隔扇相类似，但在用料上则较轻巧，做工上更为精细。碧纱橱由六至八扇隔扇组成，根据室内进深的大小，也就是柱与柱之间的距离来决定组成碧纱橱隔扇的数量。常见的有六扇、八扇、十扇等，而且只能是偶数，不能为奇数。碧纱橱每扇隔扇的宽度大约在四十到五十厘米之间，也可以根据室内空间大小来定。

用在宫殿及园林中碧纱橱的隔心部分往往糊上绿纱，所以称作碧纱橱。

太师壁

太师壁安装在厅堂明间，做屏风和室内前后空间的隔断用。太师壁左右两侧靠墙处留有空间供人通行。太师壁本身都有装饰，如在壁板上雕刻花卉或书法诗文，高雅别致；有的还雕饰成龙凤图案，富丽华贵。此外，还有用棂条拼成的槛窗形式的太师壁，或下面板壁、上面是槛窗的形式。除园林厅堂外，太师壁还常见于南方寺庙建筑或戏台中。此外，在民居中也经常用到，通常设在堂屋的正中间，太师壁前面摆放太师椅、案几及供桌，在壁前设佛像佛龛。有的还在上面粘贴上中堂和对联，横披正中悬挂匾额，是一堂之中的重要设置，所以称为太师壁。

多宝格

多宝格就是博古架，因架上陈设着各种各样珍贵的古玩器具而得名，是比博古架更为形象的一种称谓。

博古架

博古架又叫多宝格或百宝格，是用于储藏、摆放各类古玩器具的木架子，所以称为博古架。博古架有前后两部分组成，分上、下两层，上层是由各种空格组成的架子，下层低矮，是带有柜门的小柜橱，用来储藏古玩器具。博古架后面是整块木板壁做成的背板，背板前用优良的木料拼成各种大小不同的、形状各异的空格；有的在背板前安装玻璃，前面做成空格，上面摆放着珍奇古玩、陶瓷玉器，极其雅致。它既是一种内檐装修，又是室内陈设的家具，博古架不仅有陈设各种古玩器物的用途，作为室内装修还起到隔断的功能，而且还具有很好的装饰作用。

博古架

书架

用来放书、藏书的架子叫书架。书架的制作相对简单一些，书架前面的空格一般较大，统一整齐，而且是有规则的，空格内面摆放书籍，书架的中、下部常设有几层窄小的抽屉，用来存放一些珍贵的小东西。书架用于园林室内装修，有时安装在开间的柱间，作隔断使用，有时摆放在斋室里，只作书架用。

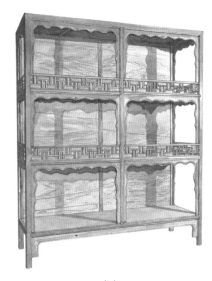

书架

第八章　家　具

桌

家具就是指桌、椅、床、凳等家庭用具。家具无论是对于古代人们的生活还是对于现代人们的生活都是必不可少的，尤其是在现代社会，家具的应用范围不仅仅局限于家庭空间，而且还包括形式多样的公共空间。

园林建筑室内的家具是园林建筑中不可缺少的一部分。园林家具陈设在满足实用要求的同时，更多的则是注重装饰的效果，意在营造出园林内浓郁的文化气息和民族风格。既体现出园林意境的情趣，又传达出中国家具文化的魅力。而园林家具陈设也是园林建筑在表达不同园林风格中的一种重要手法。不同类型的园林在家具的陈设上也表现出不同的特点。如皇家园林中的家具以体现豪华气派和高贵气势为特点，家具的风格亦富丽堂皇；江南私家园林体现文人的高雅气质和自然古朴的意境，家具的风格便也素雅简洁；而寺观园林里的家具则体现出浓郁的宗教气息。

桌指桌子，是一种常见的家具形式。桌的出现大约在汉代，目前出土的较有代表性的汉代桌子模型实物是河南灵宝东汉墓的桌子，为绿釉陶制的明器。这张桌子的外形和现代方桌的形象基本相同，方形、高腿、腿间作弧形。

唐代的桌子应用已经十分广泛，这一点从敦煌莫高窟唐代壁画中所表现的几个人围在一张桌子上吃饭的情景中即可以看出。明清时期的桌子形制已经基本固定，只是细部有了较大的变化，桌面有了装饰，桌腿也出现了变化。所以形式上也变得十分丰富。如园林厅堂里陈设的长方形桌、四方形桌、圆桌、八仙桌等，此外，还有半圆桌和折叠桌等。而且造型各不相同，不仅有实用功能，还起到很好的装饰作用。

桌

方桌

方桌

方桌出现在明朝，因桌面形式呈四方形而得名。方桌有大、小两种形式：大的方桌为桌面每边"三尺三寸"，又叫八仙桌；小的桌面每边"二尺六寸"，叫六仙桌或小八仙桌，桌面均为正方形。方桌在结构上又可分为束腰和不束腰两种，束腰也就是从桌子的立面上看，桌腿中部略有收缩。束腰有的作霸王拳式，四条桌腿通过束腰来支撑桌面，最普通的一种做法是罗锅杖带束腰的方桌；不束腰的有一腿三牙式和裹腿式，桌腿有圆形和方料委角形等。

长方桌

长方桌又分大长方桌和小长方桌，桌面均呈长方形。大长方桌较宽长，长度约在1.20米以上，宽在0.60米以上，多用作书桌、画桌、化妆桌等；小长方桌的桌面长度一般在1.20米以下，宽约为0.60米以下或更小，形状犹如半桌，大小正好是八仙桌的一半，所以又叫半八仙桌，常作家庭用餐的餐桌使用，而不用来待客。

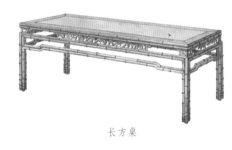

长方桌

带束腰的方桌

带束腰的方桌

带束腰的方桌是方桌的一种，桌子的桌面下有束腰，呈弧形，犹如须弥座形式，看起来就像是人穿衣时腰部扎腰带一样，形式颇为优美，十分形象。

八仙桌

八仙桌

八仙桌是方桌的一种，常见的桌面形式为"三尺三寸"见方，形体较大，颇有气势。这样桌子一般可供八个人同时围坐，所以称八仙桌。

圆桌

圆桌

平面呈圆形，是厅堂中常用的家具，通常是成套使用。一张圆桌配上五个圆凳围成一圈，既美观又实用。圆桌有束腰和无束腰两种，桌腿间或装横枨或装托泥，桌腿一般是五足、六足或八足等，又可分为折叠和独腿两种形式。此外，圆桌通常是由两个半圆桌拼成的。

半圆桌

半圆桌

半圆桌大多不独自使用，而是由两个半圆桌拼合在一起组成圆桌使用。明清时期的圆桌大多是由两张半圆桌拼成的，以四腿半圆桌较为常见。四足下部做出榫头，下部以横枨相连，以增加桌子的稳定性。

琴桌

琴桌

琴桌是专门用作弹琴时放置古琴的桌子，又分为单人琴桌和双人琴桌两种。琴桌与普通桌子相比较短小而且较低矮。琴桌的桌面有石制的，也有木质的。木质的琴桌一般采用干透的松质木料，桌面的厚度会影响琴音的效果。

书桌

书桌一般带有抽屉，用于储放书具，常见的有五屉书桌和四屉书桌。桌子的桌面呈方形，四足直立，有的在足下部置榻板，由木棍条拼接而成。书桌的造型和做法较简单，主要特点是实用和简便。

书桌

梳妆桌

梳妆桌

梳妆桌是用于梳洗打扮的桌子，桌的一侧常设有木框，可以安装镜子，桌前放凳子或绣墩，供人坐。梳妆桌大多放在园林的阁楼中或内室里，供女士梳妆所用。

折叠桌

折叠桌

可以折叠的桌子叫折叠桌。桌子的面和腿之间有轴，可以自由活动。用时支起，不用时可以折叠、收起，使用方便，多放在园林中用餐的地方，作餐桌用。

屉桌

屉桌

带抽屉的桌子就叫屉桌，桌面大多呈方形，抽屉从正立面可以抽拉，屉内可放很多体形较小的东西。屉桌也是很实用的一种家具，使用方便，除在园林中厅堂内摆放以外，在民间住宅中的使用也很广泛。

炕桌

炕桌

炕桌是在炕上用的一种家具，在北方皇家园林宫寝内经常用到，而南方则很少用。炕桌的制作十分讲究，使用的方式也相对固定，一般都放在坐榻的中间，不用时放置于炕床的一侧，而很少放到地上使用。炕桌在民间也有使用，不过制作相对简单，使用也方便。白天放在炕上，可做餐桌，晚上睡觉时可移除。

案

平头案

案

案是一种体形略长而且窄，又相对较矮的桌子。常见的有食案、条案等。案最早出现于新石器时代中后期，最初的形象与盘、板等一些承托的器具相同。由此得知，案早期是用来盛食物或杂物的圆盘或木板。这其实和此后用以摆设物品的案的作用是一致的。圆形的案转变成长案，用作礼仪或祭祀的用具，在上面摆放食物、酒器或各种供品。随着社会的发展，案的形式也在不断地发展和变化。我们现在见于园林中的案大多都是长方形案的形式。根据其作用和形态的不同又分为平头案、翘头案、条案等几种具体形态。

平头案

平头案具有案最基本的结构，案面平整，特别是案的两端没有起翘或下卷，而是和主体案面一样平行，也就是面板由整块独板构成，四腿大多呈圆形，十分简洁。

翘头案

翘头案多数为长方形，两端翘头隆起，向外略卷，正好封住案面的截面，与案面抹头连在一起。翘头案正是因其翘起的案头而得名。

翘头案

条案

椅

靠背椅

条案

条案是古代厅堂陈设中最常见的家具，目前所知最早的条案形象出现于山东沂南汉墓画像石中。条案形制特别，多为长方形，两腿较高呈弯曲状，用于饮酒、写字或放东西。

椅

椅是一种有靠背的坐具。椅子的"椅"取"倚"字的谐音，有依靠的意思，而又因为椅子大多由木头做成，所以叫作"椅子"。自从垂足而坐的生活方式取代了盘膝而坐之后，椅子已成为家居生活中不可缺少的家具，而且在坐式家具中，尤以椅子最为常见。据记载，中国最早的椅子出现在汉代时期的新疆地区。从新疆民丰县的尼雅古城发掘出来的一把靠背椅，因其形制的特别被认为是一把与佛教有关的椅子。而且后来椅子在中原地区的发展　直与佛教有关，椅子的使用范围也逐渐扩大，从最开始的僧侣使用到城市贵族及民间，应用十分广泛。见于园林里的椅子大多都是汉式椅子，有靠背椅、扶手椅、太师椅、圈椅等，大多放置在厅堂的明间，作待客用。

靠背椅

有靠背而没有扶手的椅子称靠背。简单的靠背椅是由两条后腿穿过座面向上延伸而形成椅子的靠背，到顶部与一横木相接，最上面的这一扛横木被称作"搭脑"。靠背的中间是用独板或打槽装板，并且多做成有曲线的形状。搭脑不露头的称作"一统碑"式靠背椅，另外还有一种靠背椅的搭脑长出于立柱，还略向上翘，状如挑灯笼的灯杆，因此称作"灯挂"式靠背椅。

扶手椅

扶手椅

凡是有靠背又有扶手的椅子都叫扶手椅，这种椅子可坐、可倚、可扶，是比一般的靠背椅更舒适、安全的一种椅子形式。

圈椅

圈椅又叫罗圈椅，是明式家具中典型的式样，造型奇特、使用舒服。圈椅的靠背自搭脑处顺势向下向前延伸而成扶手，并且扶手成一个自然弯曲的弧形，背板则多呈"S"形，正好和人体脊背相适应。因此，这又是一种实用性与科学性相统一的椅子形式。圈椅除在园林厅堂中摆放外，在民宅中也经常作为重要的家具摆放在堂屋中。

圈椅

太师椅

太师椅

太师椅最早出现于宋朝，早期是封建社会中除皇帝宝座外等级最高贵的坐具。"太师"是封建时代官阶品位最高的大臣，太师椅的名称也许就是由此而得来的。太师椅的椅圈为圆形，椅背中间略高，两侧偏低，呈"凸"字形，线条优美，庄重大方。清代的太师椅大多选用优质的硬木制成，而且比一般的椅子体量要大，椅座为束腰形，靠背多为三面屏式。扶手和靠背上多雕饰花纹，精致富丽。园林中的太师椅常放置在重要大厅的中间。

玫瑰椅

玫瑰椅，名字好听，样子好看，是一种造型别致的椅子。椅子靠背较矮，和扶手高低相差不大，而且大多与座面呈直角形式。椅子的靠背与扶手大多采用圆形的直材制作而成，并常常雕刻有各类花纹点缀其间。玫瑰椅的形体较小，但十分美观，它在明代时应用广泛，且颇受人们的喜爱，在清代则使用较少。

玫瑰椅

梳背椅

梳背椅以靠背的显著特点而得名。这种椅子的靠背用许多根圆棍组成,棍子略弯呈浅弧形,整齐排列,犹如梳子的梳齿一样,所以称为"梳背椅",虽然整体造型比较简单,却能带给人一种新鲜感。

梳背椅

官帽椅

官帽椅

官帽椅因其造型与古代官员的官帽十分相似而得名。官帽椅有靠背,两侧还有扶手,因靠背与扶手具体形象的不同又分为南官帽椅和四出头官帽椅两种形式。南官帽椅在南方较为常见。作为椅子椅背的立柱与搭脑的连接处不出头,并且做成软圆角的形式,俗称"挖烟袋锅"。正中的靠背板依据人的形体而呈弯曲状。四出头官帽椅是明代椅子的典型形式。椅子的搭脑两端和扶手两端均向外伸出。清代大多选用优质的硬木制成,厅堂中也经常用到。突出一段,因此而称为"四出头"。此外,椅子的四腿和腿间的撑处多装饰上牙板或券口牙板,扶手下还安设曲撑起支撑作用,被称作"镰刀棍"。

交椅

交椅

交椅是由古时的胡床演变而来的，因其两腿交叉的特点而得名。它的结构是前后两腿交叉，交接点处安轴，可自由折合。交叉的腿的上部近顶端处或绑藤或穿绳当坐面，最上面安一木圈，可轻躺，可作扶手。如不带椅圈的则叫"交杌"，俗称"马闸儿"。此外，交椅又分为直背交椅和圆背交椅。直背交椅的主要特点是靠背呈直形；圆背交椅的特点为上部与圈椅相似，呈圆形，有扶手，而且多用铜件装饰，以使连接处牢靠坚固。圆背交椅多用于宫殿及大型府邸的厅堂中。

安乐椅

安乐椅，顾名思义，就是一种坐上去非常舒服、安乐的椅子，也很安全，也就是我们通常所说的摇椅。其主要的特点就是椅子下面的足做成弧形，可以自由地前后晃动，是人们休闲、休息用椅类家具，也是老年人最常使用的倚卧用具。

安乐椅

凳和墩

凳，是一种没有靠背的坐具，上有座面，下有凳足，但没有靠背和扶手，常见的凳类坐具有条凳和板凳等；墩，是一种圆鼓形的坐具，"腹部大，上下小"，坐面呈圆形，因其材料不同可以分为石墩、瓷墩、木墩等多种形式，园林中最常见的是石墩。其实，无论是凳还是墩，它们的出现就意味着盘膝而坐的生活习惯已经结束，新的生活方式已经形成。凳和墩都是垂足坐式的家具。凳子最早出现的形式主要是作为人们登上较高的床或榻的辅助品，如《释名·释床帐》中记载："榻凳施于大床之前、小榻之上，所以登床也。"凳的造型也只限于像似矮足的"几"的形式，做法也很简单，一般是在宽木板的下面安以矮足或立木板。其实，后来的凳子也只是在此基础上加高凳足而已。流行于隋唐时期的"杌凳"是一种形体较高的凳子，多配合桌子使用，现在也十分常见。墩的功能和凳相同，但其形式却较凳出现的早，而用为坐的墩也是随着垂足坐具的兴起而形成的，常见的有绣墩、开光墩等。

凳和墩

条凳

条凳

条凳，因凳面呈长条形而得名。凳面宽在15~25厘米，实心木板，坐起来感觉比较踏实。条凳凳腿的两个向外方向大多带有"侧脚"，俗称为"四腿八挓"，在民间广泛使用。

方凳

方凳

方凳即凳呈方形，凳面打槽攒板。根据凳面的大、小而分为大方凳和小方凳两种，大方凳座面约两尺见方，小方凳小于一尺见方。方凳在造型、结构上又分为有束腰和无束腰两种。无束腰方凳直足直枨，腿足无侧脚，简单大方，是明朝时流行的方凳样式；清代则流行有束腰式方凳，方凳腿间安直枨或罗锅枨，腿足则呈三弯腿式、鼓腿牙式或翻马蹄式等，并有镶玉、镶珐琅等做法，精致典雅。

春凳

春凳

春凳为长方形，凳面较宽，四面攒边，凳芯多为棕藤屉面。另外还有一种凳面较长的形式，座面的长度相当于宽度的两倍，称作"二人凳"。春凳常用于房屋的内室或闺房内，是富有内室气息的一种家具，它的名称即是它常用于闺房内室的一种表现。

墩

墩

墩是一种圆鼓形的坐具，中间肚大，上下较小，独立成形，没有靠背和扶手，凳面大多为圆形。体形一般不大，而且坐起来较为方便、随意，挪动也较容易。根据其材料的不同可分为石墩、瓷墩、藤墩、树根墩等多种。

开光墩

开光墩

开光墩是一种腹部留有很大透空的墩。常见的形式是鼓壁由五条弧形腿构成，腿间有五处通透的洞，所以称为"开光墩"。

绣墩

绣墩

绣墩是坐墩的一种，因墩面上罩以带绣花的棉垫而得名"绣墩"。绣墩的墩面下通常不用四腿直立，而是采用攒鼓的做法，两端小、中间大，形式极像腰鼓，而且上下两边还雕有象征性的花纹，墩面四周常有流苏装饰，较为精致美观。

几

几

几是较矮小的桌子，用于放置茶具等物件。几，其实是相对于案而说的，一般都把形状似案而小于案的家具称作"几"。但在早期，几是对具有承置作用的家具的一种泛称，因为它们的形体大都呈"几"形。秦汉时期断木为四足的"俎"和形体不一、高矮不等到的"案"都统称为"几"。从使用方式来看，早期的几主要有两种用法，一种是用来放置物品或陈设器具，叫作"庋物几"；一种是指可以支撑身体，能依靠的，叫作"凭几"。然而随着社会的发展，家具功能和形式不断分化，家具的形式也逐渐有了明确的划分。明清时期的几主要是用来放置物品，如园林中常见的有茶几、香几、花几、高几等。

茶几

茶几

茶几有方形和长形两种，通常与椅子成套使用，用来放置茶具，所以得名茶几。茶几很少单独使用，其做法和形式也与成套的椅子相一致。茶几是一种实用又很常见的家具，除了在园林厅堂中使用外，民宅客厅中也较常见。

香几

香几

香几一般呈圆形或方形，形体比较高挑，它是因几上放置香炉而得名，而木制的香几本身大多散发出淡淡的木料香味，可以驱蚊虫还具装饰性能。香几大多单独使用，而多不与其他家具配套使用。香几陈设于内室、书房或客厅的一侧，并且多是成对设置。香几在园林中尤为常见，不但可以放置香炉，还能摆设花瓶等饰物。

花几

花几

花几的样式较丰富，几面大多呈方形或圆形，而且体形一般较高，是一种高型的几类家具。明代常见的花几一般是三腿或五腿形式，而且几腿多向内弯曲，上有束腰，下有托泥，设计精巧，线条流畅。清代流行高腿花几，园林中多陈设在厅堂的角处或是正间条案的两侧，几上摆放花卉盆景，装饰出高雅、脱尘的意境。

高几

高几

几的一种，因几腿较高而得名，又称高腿几。

套几

套几出现在清代，是一种十分有特色的家具。几面大多呈长方形或方形。由多个单几相连接组成，一般是四个单几，式样统一，逐个减小，并能逐个套在一起，形成一个几的形体，使用收藏均十分方便，也因此而得名。套几在南方园林中较为常见，颇受文人雅士的喜爱。

套几

床榻

床和榻都是供人睡卧的用具，床一般只供人睡眠，而榻还可以用作坐具。从商代的甲骨文中，我们得知在此之前已经有了床的形象出现。目前出土的最早的床是河南信阳长台关战国楚墓中的一张木床，从这张床的形制来看。古代的床的四周大多有栏杆，两侧留空供人上下。床木架上涂有黑色油漆，并有花纹装饰。而榻在古时只是床的一种变体形式，最早出现在汉朝，体形比床小。

到了明清时代，床和榻的造型与功能也有了明显的区别，床作为主要的卧具大多用于卧室内，不论是宫殿还是园林，也不论是皇家园林还是私家园林。不过，材料上能显示出较大的不同。如皇家园林中的床通常都是用上等的楠木做成，并镶嵌花纹，通常放置在窗子下或是靠墙处。相对于床的作用的稳定性，榻的地位在这时却有了很大上升，成为非一般家庭用得起的家具。所以这时的榻又有了特殊的意义，即高档的家具，而且也是用来招待重要客人而用的家具，主要放置在厅堂、书斋比较重要

和雅致的场所。如皇帝坐的宝座就是榻的形式。榻也是南方私家园林常备的家具，放置于客厅明间的后部。

床榻

架子床

架子床因床上带有架子而得名。床的
四角立有柱子，向上支有架顶；架顶
四周安有倒挂楣子，架底安有围栏，
正好将床面四周围起来，形成一个方
盒子的样式。在床的正面中央部分留
出空间供人上下，也有的将整个正面
留出，架顶挂上帏帐。架子床带有床
屉，分上、下两层，上层为藤席，下
层则设置棕屉，起到承重的作用。南
方园林里的架子床则常做成单屉的，
而北方皇家园林里的架子床大多是双
屉，并用厚垫铺成。架子床体形一般
较大，做工精细，清雅别致。

月洞式门罩架子床

月洞式门罩架子床是架子床的一种，
这种架子床最突出的特点就是床前留
有椭圆形的月洞门，而且床的正面即
月洞门四面的罩常用小木块拼成各种
吉祥图案，组成大面积的棂花板，非
常漂亮，并且极富艺术性。月洞式门
罩架子床因此成为架子床中做式较为
精细、形式较为优美的一种。

罗汉床

罗汉床来源于汉代的榻的形式，左右和后面都安有靠屏的一种床，靠屏一般呈垂直
状态与床面相连接，而且靠屏多用小木块做成各种几何样式。罗汉床最突出的特点
是床面下带有束腰且牙条中部较宽，有鼓腿膨牙内翻呈马蹄状的，也有展腿式外翻
足的，曲线弧度较大，所以俗称"罗汉床"。罗汉床又是一种坐卧两用的家具，可
放在卧室内用作"床"，也可摆放在客厅内，用作"榻"。

架子床

月洞式门罩架子床

罗汉床

榻

榻是一种比床矮小的家具，与床的作用相似。榻有大小之分，大的形如卧床，三面有靠屏，常放置于客厅明间的后部，用于接待尊贵客人。榻上中央处放置案几，上摆放食物、茶具等物品。形体高大的榻下设有踏凳，人们可由踏凳上去。小的榻较低矮，面积较小，只能坐而不能卧。

榻

矮榻

矮榻是形体较低矮的榻，通常高约一尺左右，长约四尺，可以盘腿坐下休息。常用于园林的书斋及佛堂里。

矮榻

第九章　彩　画

建筑彩画

中国古建筑以木构架结构为主，而彩画是木构古建筑的重要保护层，也是中国古代建筑的重要装饰手段之一。彩画一般指的是在建筑的梁枋上绘制彩画，所以有"雕梁画栋"之说，表现了建筑的装饰美。具体说来彩画就是用各种色彩对梁枋、斗拱、柱头、天花等建筑物露在外面的部分进行装饰，在上面绘制出各种各样的图案、花纹等，具有极高的艺术欣赏价值，是一种极其华丽、好看的装饰，同时又对木构件起到很好的保护作用。

在皇家建筑中，以和玺彩画和旋子彩画较为常见，苏式彩画也有应用。南方的私家园林建筑中有施彩画的做法，相对北方来说，彩画在建筑中的应用范围较小。这主要是因为南方气候潮湿，对彩画的颜色有影响，所以没有北方园林用得多。尽管如此，北方园林彩画也会因光线和其他的原因造成褪色，所以是需要及时补充和重新绘制。园林中的彩画装饰十分常见，以其光鲜亮丽的色彩和丰富多样的图案受到许多人的喜爱，大片连续的彩画犹如织成的锦缎，成为园林中一道美丽的风景线。

建筑彩画

和玺彩画

和玺彩画是彩画中等级最高的一种，常见于宫殿、坛庙、皇家园林的主殿装饰。它以龙凤、花纹为主要图案，中间以连续的人字形曲线相隔组成的一种较为华丽富贵的彩画纹样，是清代宫廷建筑中最华贵的一种彩画。和玺彩画的主题纹样大多沥粉贴金，比如常见的龙纹和玺中的龙，贴金后金线的一侧用白粉线做衬底并加晕，还饰以青、绿、红等各种颜色烘托出金色图案，显得十分华贵富丽。

和玺彩画

旋子彩画

旋子彩画

旋子彩画出现于元代，到明清时期发展成熟，是各种彩画形式中较常见的一种，应用较为广泛。旋子彩画依图案和用金量的不同也有等级的差别，如金琢墨石碾玉、烟琢墨石碾玉、金线大点金、金线小点金等。有复杂华丽的，也有简洁朴素的。不管是哪种，都是以圆形切线为基本线条组成规则的几何形纹样，其中最大的特点是藻头部分的图案，一般都是由青绿旋瓣团花组成，十分规整，色彩淡雅，具有很强的装饰性。

金线大点金

金线大点金

金线大点金是旋子彩画的一种，指的是彩画中的旋子花的花心、菱角地、栀花心等图案全用金线勾勒点饰，即沥粉贴金，枋心多饰龙锦，盒子中多用龙纹及锦纹等图案，并配有西番莲、花草等，是旋子彩画中等级较高的一种做法。

墨线大点金

墨线大点金

墨线大点金是旋子彩画中的一种，它与一般旋子彩画最大的不同在于"金"和"墨"的使用量。墨线大点金旋子图案的旋眼、菱地等处沥粉贴金或漆金，如果枋心绘有龙、锦等纹样也会部分或全部贴金或者漆金。而除用"金"部位之外的主体线路、旋花等处，则只在青绿底色上用黑色勾边线，并沿边线一侧描出一道白线。所以称为"墨线大点金"。

墨线小点金

石碾玉

石碾玉是旋子彩画中最为高贵华丽的一种，指的是彩画中的花心和菱地均贴金，每瓣花瓣的蓝绿色均用同一种颜色晕出，色彩由深到浅、色调柔和、优美而有韵律。根据不同的特点石碾玉又分为等级不同的两种，即金琢墨石碾玉和烟琢墨石碾玉。

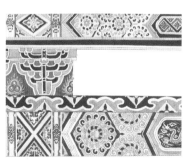

金琢墨石碾玉

烟琢墨石碾玉

烟琢墨石碾玉是旋子彩画的一种，相对于金琢墨石碾玉来说等级稍低。用金量稍少，旋花花瓣、花心及菱地用金，而它们的边线用墨线，花瓣用青、绿两色退晕。

墨线小点金

墨线小点金是旋子彩画的一种，它是相对于金线大点金而言，其绘图的形式也和金线大点金相对。这种彩画的锦枋线及外围的轮廓全用墨线，只有花心和栀花心处用沥粉帖金，用金量相对较少，所以图案也较朴素淡雅。此外，枋心的图案也不用龙纹，而是在枋心的中心画上一道粗黑线，又称为"一字枋心"，也称素枋心。因此，墨线小点金是旋子彩画中等级相对较低的一种形式。

石碾玉

金琢墨石碾玉

金琢墨石碾玉是旋子彩画中较为华丽的一种。彩画中的花心、枋心、盒子图案轮廓线及旋花的边线等都用沥粉帖金，而花瓣都用青、绿两色退晕，枋心处多画龙锦，并用沥粉贴金。

烟琢墨石碾玉

沥粉贴金

沥粉、贴金都是彩画的一道基本工序。沥粉的做法是：用大白粉和骨胶相调和，成膏状后，将其装入一个"猪尿泡"之中，

沥粉贴金

猪尿泡前装一个铜管状嘴，将胶膏像牙膏一样挤出。挤出的胶膏形成立体的线条，成为凸起的粉底。为了突出彩画中金色的部分，要先在准备贴金的部位用沥粉打底，多作白色。贴金是沥粉之后的一道工序。在制作比较高等级的彩画的过程中，在装饰彩画的重点部位常以贴金进行点缀，以使之看起来华丽，色彩鲜艳。所以在用沥粉打好底的部位用相应的黏合剂将金箔贴上，就是贴金。整个沥粉贴金的过程合称为沥粉贴金。在清式的和玺彩画中，其主体纹样龙、凤纹一般都沥粉贴金。

一整二破

一整二破

一整二破是旋子彩画的基本构图形式，并且是指旋子彩画藻头处的图案构成形式。"一整"指的是一个整的圆旋子；"二破"指的则是两个半圆旋子，所以称作"一整二破"。其实就是由一个完整圆圈的旋子和两个半圆圈组成的旋子彩画的藻头形式。

喜相逢

喜相逢是旋子彩画的一种构图方法。指的是由于藻头太长，而在原来的"一整二破"之间再加上一个"一整二破"图案，形成一个由两个"一整二破"互相连接的图案形式，所以称作喜相逢。

喜相逢

苏式彩画

苏式彩画

苏式彩画是以山水风景、人物故事、花鸟草兽为装饰图案的彩画形式，又因源自于苏州，所以得名"苏式彩画"，俗称"苏州片"。多用于皇家园林中的建筑上。如亭台楼榭、轩廊斋馆的内外檐装修构件上。苏式彩画十分常见，并以其丰富的构图和优美的色彩深受人们的喜爱。苏式彩画最主要的特点是很少用金，而多以素雅的包袱锦纹为主题。虽然在北方皇家园林的建筑中，苏式彩画被相应地加入了一些较为鲜艳的颜色，如红、黄、紫等，并加入少许的贴金、片金做点缀，但其形象仍显示出苏式彩画独特的风格。苏式彩画在北方皇家园林中多用于外檐装修。

金琢墨苏画

金琢墨苏画

金琢墨苏画是苏式彩画的一种，等级较高，也是苏式彩画中最为华丽的一种。这种彩画用金很多，做工考究，退晕层次较多，常见的有 7 道、9 道，甚至还有 13 道。并在退晕花纹的外轮廓处加沥粉贴金，四周布满烟云图案，看上去十分精彩。

海墁苏画

海墁苏画是一种没有枋心、包袱的苏式彩画，而是只在梁枋的箍头或卡子之间通画上一些较为简单的花纹，所谓"通画"也就是海墁，即不分主次，在整个需要或可以绘画的部位使用一种主题图案，将之填满。海墁苏画通常是青地或绿地，上面分别绘画上流云或黑和折枝花，如使用红色为底色则上面多点缀蓝白色花纹。海墁苏画是一种等级较低的彩画，大多用于建筑的次要部位。

海墁苏画

包袱

包袱

包袱也叫"搭袱子"，是苏式彩画枋心的一种形式，它的特点是檐檩、檐垫板、檐枋三部分的枋心连成一个整体，也就是由梁身沿梁的两侧向上括起来，形成一个大的半圆形，犹如一个包袱，所以这种苏画形式称作"包袱"彩画。包袱是苏式彩画的一种基本构图形式，其轮廓由许多折线或弧线线条连接构成，并用墨线或金线勾勒出大的轮廓，常见的有菱形和圆弧形两种形式，轮廓用青、绿等色退晕，富有层次感。在这样的轮廓线内绘画各式图案，根据包袱内花心题材的不同分为花鸟包袱、人物包袱、套景包袱等。

花鸟包袱

花鸟包袱是苏式包袱彩画的一种，因其包袱中的花心是以花鸟图案为主，因而得名花鸟包袱。花鸟包袱苏式彩画多用于南方私家园林建筑中，或是皇家园林中仿南方风格的建筑上。

花鸟包袱

人物包袱

人物包袱也是苏式包袱彩画中的一种，它的特点是包袱花心中间的图案以人物故事为主，所以称人物包袱。人物包袱苏式彩画多用于私家园林的廊榭亭台的外檐枋处。

人物包袱

套景包袱

苏式包袱彩画中的包袱内的枋心以风景为主要题材，或是有山水也有花草等山水景物与植物的组合的形式，都称作套景包袱，也叫作线法套景包袱，也就是包袱框内套着风景的意思。

套景包袱

第十章 天 花

各式天花

天花是中国古代建筑的室内木构装修之一，是清代对建筑室内木构顶棚的一种称呼，源自于宋时平棋、平棊、平闇的叫法。建筑物室内顶部的梁架构件用天花来遮挡，可以大大减少彻上明造暴露木构件，而且可以用不规整的木料作为梁架，而天花便可以通过遮挡屋顶构架和自身的装饰保证室内空间的视觉美观。一般天花的做法是用木条相交叉形成若干个方格，中间形成如井口式的方格，在清式天花分类中称作井口天花，在宋式天花分类中叫平棋。早期平棋做法的方格很大，支条很粗，后来方格逐渐变小，而且统一为正方形。天花上做各种装饰，如绘画、雕刻等，形式优美，美观大方。

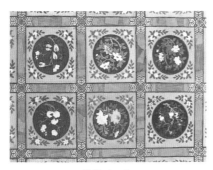

平棋（一）

平棋（二）

平棋

平棋是一种比较古老的天花形式，是宋代一种天花的叫法。因为它的整体框架是由木肋格子和装填木板构成的大方格，形状犹如棋盘，宋时称为平棋。木板的四周加边框，中间用木条构成方形、矩形、菱形等格子，格子的背面使用穿带，使其坚固牢靠。格子的格心处画彩画或饰以雕花，为早期建筑的天花做法。

平闇

平闇也是天花的一种，是用木枋子整齐排列的网状格，在网格大小上与平棋相对，平棋网格较大，而平闇方格较小，背部加板，和平棋一样，为早期建筑中的天花做法。

井口天花

井口天花是清代天花的一种，由早期的天花演变而来。指的是用一种叫作支条的木条横竖交叉成许多方格网状，搭在四周靠近梁枋处的用木条压边的贴梁上，每块方格中镶进一块天花板，露出的部分通常饰以彩画。井口天花在皇家园林的宫殿大厅中较为常见。

海墁天花

海墁天花是天花的一种，天花的表面平坦，没有肋条，一般用木板做成，或是在较小的房间内架一个完整的框架，上面安木板或糊纸，然后在天花的表面直接进行简单的彩绘，大多是整间屋子的顶部绘画连成一个整体，所以称海墁天花。

花草平棋

花草平棋是平棋的一种，在由木条组成的大方格中绘以花草图案，故称花草平棋。

团龙平棋

团龙平棋是以团龙图案作为平棋的天花。是天花的大方格中木板表面绘画的主要题材。它是平棋天花中装饰图案等级最高的一种。

五福捧寿平棋

五福捧寿平棋指的是在天花的大方格中绘以"五福捧寿"图案的天花。图案即是五只蝙蝠相围合，中间是一个"寿"的图案，称五福捧寿平棋。是平棋天花图案中一种十分吉祥喜庆的图案。

平闇

井口天花

海墁天花

花草平棋

团龙平棋

五福捧寿平棋

团鹤平棋

团鹤平棋

团鹤平棋指的是在平棋天花中的大方格木板表面画出一个圆圈，圆内画白鹤，鹤的形体依圆圈的形状而成圆形，故称团鹤平棋。

古华轩天花

古华轩天花

古华轩天花指的是北京故宫乾隆花园古华轩内的天花。天花板采用优良楠木做成，方格内为精细的花草图案，雕刻细腻，十分精美，被称为楠木贴雕卷草花卉天花，是园林建筑天花装修中较为优美精致的一种。

第十一章　藻　井

藻井的类型

藻井是中国传统建筑顶棚装饰的一种处理手法，是天花的一种。藻井位于室内屋顶正中央最重要的部位，是一种等级很高的天花装饰。藻井多呈穹隆状，大多是由斗拱层层承托而成，也有用木板制作出的较为简单的藻井。藻井的形制有四方形、圆形和八角形等，也有制作复杂的将几种形状融为一体的藻井形式，层层叠落、精美华丽。藻井常用于宫殿、寺庙的宝座上部屋顶和神佛龛位上屋顶部，及皇家园林中大殿的室内顶部装修，而诸如南方私家园林等建筑中则很少用到。

方形藻井

圆形藻井

方形藻井

方形藻井也称斗四藻井，是一种在早期较为常见的藻井形式，平面呈四方形，形式较为简洁。有的是由两层方形的井口呈45°角错置，也有的在方形井的中心装饰花形，在早期的石窟建筑中有仿木的石雕方形藻井。

圆形藻井

圆形藻井外轮廓形状为圆形、穹隆状，层层环绕、逐渐向上凹陷，犹如一个盛东西的斗倒置一样。

八角藻井

八角藻井的外轮廓呈八角形，由带有八边形的井口和八条角梁相交而成的一个八角形锥体，称作八角藻井。

八角藻井

盘龙藻井

颐和园廊如亭藻井

颐和园的廊如亭因其形体庞大而著称，它位于颐和园昆明湖南面，十七孔桥的东端，是园内最大的一座亭子，也是中国现存亭类建筑中比较大的一座。廊如亭建于乾隆年间，建筑面积达 130 多平方米，由外到内共有 40 根柱子构成。亭内梁枋交错形式的藻井造型突出，装饰精美，气势壮观，堪称藻井中之精品。

晋祠难老泉亭藻井

曲水荷香亭藻井

皇家亭类建筑的内部最容易做成类似藻井的形式，虽然屋顶内模仿高等级的藻井做法，但具体的装饰纹样与色彩却又很素雅，四方形框架层叠，木架表面满绘苏式彩画，有海墁形式的，也有包袱式的，以花鸟、风景为主，大方又洁净。

盘龙藻井

藻井的顶部绘有盘龙图案或雕刻有盘龙形象，称作盘龙藻井。盘龙藻井除在皇家宫殿中使用外，主要还适用于皇家园林中的大型殿堂建筑中，以突出其雄伟的气势和皇家高贵的气派。

颐和园廊如亭藻井

晋祠难老泉亭藻井

山西太原晋祠历史悠久，是中国著名的古典园林之一，园内保存着许多古老的建筑。难老泉亭因亭建在难老泉上而得名，亭子是一座八角攒尖顶的建筑，与园内的善利泉建造于同一年代，于北齐天保年间（公元 550 至 559 年）建成。难老泉亭内的藻井别具特色，形状近似圆形，从中间的井心向外呈放射状，四周和中心都有向下的垂花柱头，更显装饰美感。在藻井的最外层安置斗拱。整个藻井以突出木构件的本质本色为主要特点，做工简洁、古朴淡雅。

曲水荷香亭藻井

第十二章　匾　额

内外檐匾额装饰

一种悬挂在建筑室内外檐下的牌匾就叫匾额。匾额的形式有两种，横的称"匾"，竖的叫"额"，统称为匾额。匾额上写字，大多根据建筑的名称、等级来决定，也有的是依据此处的环境意境和用途来作为匾额的题材，以使匾额题名醒目为标准，达到画龙点睛、引人入胜的效果。匾额的形式多样，有如秋叶形的秋叶匾、书卷形的手卷额、册页形的册页额等。匾额的色彩也十分丰富，匾额底与字体颜色大多呈对比，如黑底金字或金底黑字、白地绿字或绿地白字等，其他还有蓝色、黄色等，色彩相得益彰，大方美观。匾额上的题字更是丰富多样，除根据建筑的名称题名外，大多都是一些具有美好寓意的词语，大到国家社稷、小到宅门闺语，一方匾额，形形色色，囊括了中国文化的洋洋大观，成为传达中国几千年文明历史的文化符号，以其多姿多彩的丰韵为中国园林艺术增添了无尽的文化光辉。

内外檐匾额装饰

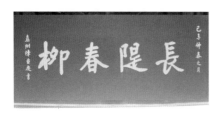

横匾

横匾

横匾是较为常见的匾额外框形式，匾上的字横写，匾额也呈横长方形，多用于大殿或厅堂内后檐的正中央，也有用于建筑外檐门楣处的。

竖匾

竖匾

竖写的匾额称为竖匾，根据竖写的字匾额呈竖长方形，竖匾额在唐代以后才出现。竖匾多用于建筑的门口处，上写大殿名、宫名、院名。竖匾有时也称作华带牌。

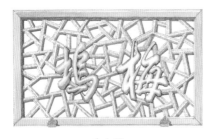

虚白额

虚白额

透刻的匾额，没有明显的底板，称作虚白额，大多用于园林中，是一种比其他匾额更富有装饰性的匾额。

华带牌

华带牌

在一座房屋、一座殿堂的房檐下、门楣上悬挂一块牌匾，横置的称匾，竖置的就叫作华带牌。

手卷额

手卷额

匾额有形状犹如书卷的形式，呈缓和的曲折状态，形式较优美。多用于园林小型建筑中，如亭榭、书斋等处的屋檐下或室内。

书卷额

书卷额

书卷额也就是手卷额。

碑文额

碑文额

形体方形，犹如石碑形状的匾额，称碑文额。

第十三章　对　联

雅致的对联

对联这种建筑装饰形式来源于古代人们用桃木驱鬼辟邪的习俗。在古代，桃木曾被称作"鬼怖木"，有驱鬼的功用。所以人们便用桃木做成人的形状，称作桃符，挂在门口两边，以保家人平安。随着历史的变迁，桃符逐渐演变发展成春联，也就是我们现在所说的对联。除新年挂起的对联之外，出现在园林里的对联大多以楹联相称，主要指悬挂在厅堂的大门外的对联。楹联指的也就是悬挂在门楹上的对联。而此时的楹联的作用与题材都不仅仅再局限于驱鬼辟邪，而更多是集福纳祥，其意义也更加深远。一副优美的对联令一处厅堂斐然生辉，副副对联暗寓诗情画意，令人心旷神怡，不失为园林抒情造境艺术的成功千法之一。

雅致的对联

此君联

此君联

竹子被称为"君子"，因此将竹子劈成两半、上写对联，就称作此君联。此君联多用于园林亭榭、书斋等处，颇显雅致，倍受文人雅士喜爱。

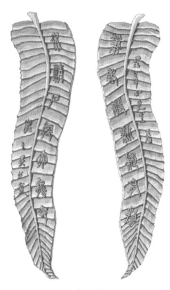

蕉叶联

蕉叶联

把对联做成芭蕉叶的形状，就叫蕉叶联。形状十分优美、别致，多用于南方私家园林。常挂于轩、榭、亭、阁的屋角处。

古琴联

中国古典园林的雅韵情怀在对联上也有清晰、生动的表现。中国古典园林中的对联，首先在内容上多为雅致文辞，意韵不凡，其次在形式上也追求不一样的古雅形韵，除了用竹作对联书写外，还有做成古琴形状的，称古琴联。

古琴联

第十四章 陈 设

高雅多彩的陈设

陈设指陈列、摆设，也指陈列、摆设的东西。中国传统建筑以形象的手法给人以最大的直观性，而室内的陈设又以丰富的内容、多彩的形式给人们呈现出一种具有中国传统人文意识的室内陈设理念。园林陈设是园林景观不可缺少的一部分，一花一瓶，一炉一钟，墙上悬挂的书画，屋顶吊着的花灯，皇家园林体现出的是灿烂之极的奢侈之风，而南方私家园林追求的却是清幽淡雅、自然古朴的文人气息。

书法

书法

书法是文字的书写艺术，古时专指用毛笔写出的汉字，现在也包括用钢笔等写出的汉字。常见的书法字体有楷书、隶书、行书、草书、篆书等。在园林厅堂、书斋中往住都陈设、储藏有或多或少的书法作品，而且有不少还是出自名人之手。尤其是对于爱好书法的园主来说，园中通常收集有很多名人书法字帖。书法字帖的悬挂，一般来说是厅堂中挂大幅的横批，斋室内则常挂小幅的。

画

画

画是古建筑中常见的室内装饰，特别是在古典园林建筑中尤为常见。园林建筑画幅通常悬挂在园林斋堂的高处，大多画上面装有画轴，轴上穿线，挂于钉或钩上。厅堂中常挂大幅的画，并以山水花鸟居多；斋室内常挂条屏、斗方或扇面形，古朴典雅。

花瓶

花瓶

花瓶作为园林陈设中的一种，常摆放在桌、几、案台上，有插花、存放画卷之用。花瓶大小不一，放置书房内的大多较小，而且多远离书案摆放，以免浇花的水溅到书画上。厅堂内摆放在香几上的花瓶较大，具有很强的装饰性。园林室内陈设还有将花瓶和镜子摆放在一起的，取"平静"之意，比纯粹的装饰件有了更多的文化意义。

玉器

玉器

用玉石雕琢而成的各种器物，统称为玉器。玉石是一种质地细腻，光泽柔润的美石。用玉石雕琢而成的玉器大多为精美的工艺品，具有很高的艺术价值与观赏价值，多摆放在园林厅堂里的案几上，或是博古架上，是园林中较为高雅的陈设件之一。

铜器

铜器

铜器简单而言就是用青铜为基本原料加工而成的器具。铜是一种淡红色有光泽的金属体。它具有延展性和耐蚀性，而且还具有导电、导热性能，用途很广。铜器具具有持久耐用、发光、发亮的性能，一般为统治阶级所使用。用于园林内的铜器一般分为两种，一种是家用的铜器，一种是装饰品。园林铜器的实例如铜香炉、铜狮等，多见于皇家园林。

珐琅

将石英、长石等主要原料，加入助熔剂例如纯碱、硼砂等，并配以氧化钛、氧化锑、氟化物等乳浊剂，再混入钴、镍、铜等具有着色剂性能的金属矿物质，然后经粉碎、熔合后，立即倒入冷水中，形成的一种熔块物质，即称珐琅。将熔块磨细后便成珐琅粉，配入黏土便得珐琅浆。将珐琅浆涂于搪瓷制品的外表，有保护物品并使瓷制品发亮的功能。而在园林里常见的是覆盖有珐琅质的搪瓷制品。

珐琅

鹤

鹤

鹤是一种头小颈长、体形修长、体态轻盈的鸟。嘴长而直，脚细长，常作抬脚状，羽毛呈白色或灰色。鹤有丹顶鹤、白鹤、灰鹤等品种。鹤被视为是羽族之长，并称作"一品鸟"，在鸟类中的地位仅次于凤凰。古时人们还认为鹤是仙鸟，由仙人所骑。所以常以鹤为作吉祥装饰物。园林大殿内常设有白鹤雕塑或香炉，取长寿吉祥之意。

香炉

香炉

香炉是燃香时插香用的器具，一般是用陶瓷或铜质金属做成。整体呈圆形，两边带耳，底下有较矮小的三腿支撑。香炉是佛教寺庙等庙坛中的必备物品。而在园林中的佛堂、大型的殿堂正厅内也常置有香炉，特别是在一些园林大殿的正前方、院落内常放置较大型的香炉，除了为人们烧香供拜外，更多则是起到装饰性的作用，增加园林景观。

钟表

钟表

钟表是钟和表的总称，是一种计时工具，用作园林室内的陈设时常放置在厅堂的中间，或是陈列室内。目前所存古典园林中钟表的代表是北方皇家园林里的钟表，它们大多是来自外国的西洋表。

瓷器

瓷器是一种瓷制的器具，多为瓷制器皿，一般指用无机非金属材料经高温烧成的坚硬的多晶体，因其材料的特殊性和所形成的独特的外形常被人们作为一种装饰物品。摆放在客厅内，能提高主人的文化品位及审美情趣。瓷器在园林的室内陈设中尤为常见，常摆放在案几上，如书写绘画所用的砚台、笔筒，以及花瓶、香炉等，它们既有实用价值，又具有很好的装饰效果。

瓷器

灯具

灯具

灯具是各种常用照明用具的总称。用于园林中的灯具主要有宫灯、花篮灯、什锦灯。其形象大多如灯笼。灯笼是一种既可悬挂起来也可手提的照明用具，常用细竹竿或钢丝做成骨架，外边糊上纱或纸，围合成圆形，中间用来放置蜡烛，用于照明。由于灯笼形象的特殊别致，亦被作为园林里的装饰品，常挂于轩、榭、亭、阁的屋角处，点缀园景。

盆景

室内盆景

盆景是一种以盆和盆中置放物为观赏点的小品景观，大多是在盆中栽种植物，并配以小山石等，形成一种浓缩的自然景观。盆景可以置于室外，也可放在室内，如作为室内的陈设品，既绿化室内环境，又具有很好的装饰作用。盆景有树木盆景和花草盆景等形式。树木盆景较大、较重，大多放置在地上；花草盆景较小巧，通常放置在案几或桌台上。

挂屏

挂屏

挂屏是一种能挂起来的像屏风一样的装饰物品，由薄石板做成，四周镶以木板，做挂钩悬挂在墙上，称作挂屏。挂屏中间的石板不是普通的石板，而多是大理石，石板上带有自然形成的图案，十分优美。挂屏的顶部常悬有匾额，两侧有对联，组合十分别致，常用于私家园林，使室内布置充满浓郁的山林野趣和文化气息。

第十五章　园林雕刻

各色雕刻

雕刻是指在一些固体材料上进行雕造和刻画，形成各种各样的图案及形象，或是雕刻成独立的艺术品，具有极高的艺术价值和观赏价值。园林雕刻，指的是园林中的雕刻艺术。中国古代园林中的雕刻以其独特的形象成为中国古代建筑中一种十分重要的组成部分，园林中的亭台楼榭、廊阁轩堂等，因其特有的造型和气质深受人们的喜爱。而各种形式的雕刻因其独特的艺术手法成为造园过程中重要的细部造景手段之一，成为古典园林建筑中一朵美丽的奇花，起到锦上添花的作用，雕刻本身的作品独立出来看也是一门艺术，为园林艺术增光添彩。园林雕刻是园林中一道美丽的风景线，是人们不可忽视的园林景致之一，园林各类建筑中大多都使用不同题材内容的各种各样的雕刻，综合观之品类丰富。

雕刻

石雕

石雕

在石头上雕刻出形象、图案或以石为原料雕刻的艺术品都称作石雕。石雕在园林建筑中比较常见，如房屋下面的台基、台基四周的栏杆、木柱下面的柱础、殿前陈列的石雕塑、花园内的石栏杆等，甚至石雕的地面及挂在室内的石雕画等，其雕饰手法各不相同，尽显石雕风采。

石雕台基

石雕台基

石雕台基是指建筑物底下的一层台座，有了台基可以使上面的建筑更坚固耐久。而台基尺度越高的建筑，往往建筑的等级也就越高。与其他的建筑石构件相比，台基上雕刻的花纹相对简洁明了，有云龙图案、大的花团等。有的台基较为高大，并做成须弥座的形式，其雕刻也较为复杂精美，主要雕刻部有束腰、上下枋、上下枭等处。上下枭雕刻相对较少；上下枋雕刻花纹大多一致；中间束腰为须弥座雕饰主体，图案精致华丽。石雕须弥座或基座大多见于皇家园林中的大殿建筑下，在南方的私家园林中则很少用。

石雕栏杆

石雕栏杆

石雕栏杆安置在建筑物的四周或是桥两侧，以起到防护的作用。而石栏杆更因为材料的坚固性更能发挥其对建筑和桥梁的保护性能。栏杆上的石雕大多集中在栏板上和望柱头上。不论是望柱头还是栏板上的石雕，其内容往往根据建筑物的等级和此处的园景来定。如皇家园林多用龙凤图案，而南方私家园林则多用花卉、植物纹样。

石雕柱础

石雕柱础就是柱子下面的底座，作为柱子的基础，所以得名柱础。柱础大多呈方形，但圆鼓形的也不少，其大小则是根据上面所立柱子的直径来定的。柱础与建筑的台基一样，对其上的物件起着支撑的作用，特别是对于木柱来说，柱础还有减低地面湿气对柱子的侵蚀作用，因此柱础在整个建筑中也显得十分重要。柱础的石雕装饰分布在柱础的表面上，这里是人们视线较容易达到的柱子的部位。柱础的雕饰题材也根据建筑的性质而定，皇家园林中大多是龙凤、狮兽纹样，柱础在南方私家园林中虽然不很常见，但也有少数采用植物纹样雕饰的柱础。在一些佛寺园林中，常见的是莲花瓣石雕柱础，大大增添了寺院的佛教气息。

石雕柱础

石雕塑

石雕塑

用石头雕刻出来的独立艺术品就是石雕塑，石雕塑往往都是采用圆雕的手法雕刻而成。所雕出的石雕塑具有很好的生动形象性，尤其是动物石雕塑，更能体现动物的凶猛气势。在园林中设置石雕塑可以增加园林景致，起到很好的装饰作用。石狮、石龙、石象等石雕塑多见于皇家园林及寺观园林中，而南方私家园林则不多见。

石刻书画

石刻书画是一种很特别的石雕艺术品。它是在一块薄石板上镶刻诗文或雕饰画景，一幅诗景画面跃然石上，雅趣十足，古朴深厚。石刻书画常作为装饰品悬挂于墙壁上，上部悬挂匾额，两侧挂对联。书画雕刻为书画艺术与雕刻艺术的融合体，用于园林中的陈设，能提高园林景观的艺术品位，大多见于江南园林。

石刻书画

砖雕门楼

砖雕门楼

园林中的砖雕门楼多见于江南园林。门楼主要作为园林的入口，其上部带有雕饰，是园林建筑装饰的重点部位之一。门楼有雕刻各式各样的图案花形，构成各种不同的门楼造型，使普通的门楼显得古朴雅致，尽添艺术风采。

砖雕

砖雕

在砖上雕刻出的各种人物、花形等图案或用砖雕刻出的工艺品，统称作砖雕。砖具有坚硬、耐磨、防腐、持久耐用等特点，又因其成块，使用也比较方便，所以常被人们用来砌筑房屋的墙体、铺设地面等，而在砖上进行雕刻也是十分常见的一种装饰手法。砖雕的形式多种多样，有平面雕、浅浮雕、深浮雕、透雕、圆雕等。在园林建筑中，常见的砖雕形式有砖雕门楼、砖雕漏窗、砖雕牌坊等。砖雕的题材也是丰富多彩，有取自吉祥图案的，如吉祥如意、福寿平安等；有植物纹样的，如四季花卉、桃李梅竹等；有人物故事的，如岳母刺字、三国演义等，构思精巧，技艺精湛。

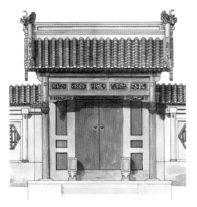

砖雕垂花门

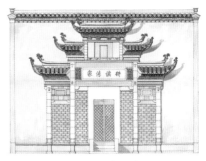

砖雕牌坊式门楼

砖雕垂花门

砖雕垂花门是砖雕门楼的一种，用于江南园林中，尤其常见于徽州古园林。南方园林砖雕垂花门与北方民居中的垂花门样式大致相同，只是材料不同。南方园林砖雕垂花门的特点突出砖质，屋檐上挑，屋脊飞翘，屋檐下有额枋、雕花板，两侧倒挂对称的垂花柱，一副殿宇式装饰的气派。

砖雕牌坊式门楼

砖雕牌坊式门楼是砖雕门楼的一种，大多四柱三间，也有四柱五间的。大多中间两柱高，两侧柱相对较低。柱顶屋角飞翘，檐下斗拱、额枋、花板均有雕刻，柱脚置抱鼓石，更显雄伟庄严，气质古朴。在北方皇家园林及江南园林中都有所应用。

砖雕漏窗

砖雕匾额

园林中院门的门楣上大都悬挂匾额，以标出园景的名称和引导人们前行。在园林院门中有很多是砖砌的，为了和砖砌院门相统一，门上的匾额大多也是由砖雕刻而成的。通常是中间雕刻文字，四周雕饰花纹，有的则只雕匾名，以突出简洁自然。砖雕匾额多见于南方园林中的洞门及园门上。

砖雕脊饰

木雕

在木头上进行雕刻，或用木料雕刻成的艺术品都叫木雕。木雕大多集中在门窗、梁架和室内装修及陈设上，如罩、屏、家具等。只要是裸露出来的木材部分都可以作木雕，比起砖石等材料，木质既轻便又不那么坚硬，所以雕刻起来比较容易，人们在木头上进行雕刻的时候，比较随意，手法也比较灵活，雕刻图案也更丰富。如果觉得木质原色未免过于单调，还可以在木雕上涂饰彩绘，加强木雕的装饰色彩。

砖雕漏窗

砖雕漏窗指的是用薄砖雕刻而成的具有镂空图案的窗户。砖雕漏窗的使用比较广泛，不仅在园林中十分常见，在江南一带的民居中也普遍使用，不过还是江南的古典园林中用得最多。砖雕漏窗大多是以大块几何形为主，窗框由水磨砖镶砌而成，中间的花形以青灰瓦相叠，所以又叫雕砖叠瓦式漏窗。砖雕漏窗以其巧妙的构图，精细的做工和丰富多变的外观图案给园林景观增添了别具情趣的艺术魅力。

砖雕匾额

砖雕脊饰

屋顶的正脊、垂脊、戗脊上都是雕饰较集中的地方，砖雕脊饰就是雕饰于各屋脊处的砖材料饰件。正脊上雕刻吻兽，屋角上有动物走兽、人物等，带有驱鬼辟邪、吉福纳祥的含意。皇家园林大殿屋顶的脊饰大多是琉璃贴面的，而纯样的砖雕脊饰一般用在私家园林或是寺观园林中。

木雕

木雕门窗

木雕罩

罩是中国古代建筑室内装修的一种形式，在园林建筑装修中更为常见，它既起到分隔室内空间的功能，又极具装饰作用。罩的类型因其形式的不同常分为几腿罩、落地罩、栏杆罩、飞罩、花罩、炕罩等多种形式。而各类罩上布满的精细的木雕是罩本身精华之所在。常见的罩上装饰纹样有"岁寒三友"雕刻、"子孙万代"葫芦雕刻等，而皇家园林里则多用龙凤雕饰、富贵吉祥等主题的雕刻。

木雕家具

木雕门窗

木雕门窗一般指木雕隔扇门窗。隔扇是中国古建筑中最常用的一种装修形式，不论是内檐隔断还是外檐门窗。隔扇的主要特点就体现在隔心镂空的部分，还有就是绦环板、裙板上的木雕刻，当然有些隔扇是不带裙板的。隔扇门窗在园林中的应用十分广泛，而又因南北园林的不同，其雕刻的形式和图案也各不相同。北方皇家园林的木雕隔扇显得较为厚重，图案也较为单调，大多以龙、凤、牡丹为主要题材；而南方私家园林则较丰富，各类植物花卉、虫草鸟鱼、人物故事、博古图案等，极大地丰富了园林景致，加深了园林的意境。

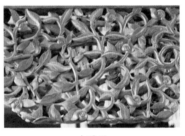

木雕罩

木雕家具

园林建筑室内的家具陈设以突出典雅古朴的园林气氛为主，同时其实用功能也不容忽视。园林中的家具与陈设是极能体现中国园林浓重的文化气息和民族风格的要素。园林室内陈设的家具，桌椅、几案、凳柜、床榻大多都是采用优良的材料制作而成，而这些家具上的雕刻也是其不可分割的一部分。如椅子的靠背、扶手，桌面四周的牙板及四足之间的榻板处等，雕刻着各式各样的花纹图案。精美细致的雕刻不仅使一件家具顿显华丽优美，充满艺术气息，也使整个建筑室内散发出浓郁的古典文化气息和民族风情，突出展现家具匠师们精湛的技艺。

第十六章　园林牌坊

园林中的牌坊

牌坊是中国古代一种门楼式的、彰表纪念性的建筑物。古时称绰楔，又叫牌楼。多建于街道、庙宇、陵墓、祠堂及园林中，古时的乡村路口也常建有牌坊。在古代，牌坊大多是宣扬封建礼教，或是统治阶级为标榜自己、为歌功颂德所建的纪念性建筑，此外还有部分贞节牌坊或忠孝牌坊。建在街道的牌坊可以区分道路，美化街面；而建于园林中的牌坊其形象和作用则更加令人喜爱。园林中的牌坊既增加景致、美化景观，使园林内容丰富，而且其建筑形象和气势也增加园林或庄重肃穆或轻松活泼的气氛。此外，牌坊上的古文诗句，或描绘山水，或追诉历史，词词精典，句句悦耳，营造出一种诗情画意的园林意境。园林牌坊是中国园林建筑中一种不可缺少的建筑类型。

园林中的牌坊

北海濠濮间牌坊

北海濠濮间牌坊

濠濮间位于北海东岸，是一座仿江南小园的园中之园。园中叠山石、筑水池，清幽雅静。一间两柱单楼的石牌坊架在一座小石桥之上，牌坊南面额题为"山色波光相罨画"，联为"日永亭台爽且静，雨余花木秀而鲜"；北面额题为"汀兰岸芷吐芳馨"。

315

颐和园云辉玉宇坊

颐和园知鱼桥坊

颐和园云辉玉宇坊

云辉玉宇坊坐落在颐和园万寿山山脚下，排云殿建筑区的最前方，与昆明湖岸相临。这是一座装饰精美的大牌楼，四柱七间，楼顶全用黄色琉璃瓦铺成，显出建筑的等级和地位。牌坊下的雕饰与彩画极其华丽，金碧辉煌；牌坊南面匾额为"星拱瑶枢"，北面题为"云辉玉宇"。牌坊两侧分别列有十二块"排衙石"，为十二生肖石，据说这十二块山石原是畅春园的风水宝物，为建造牌坊便移了过来，更衬托出牌坊的气势与华贵。

颐和园知鱼桥坊

知鱼桥坊位于颐和园万寿山东麓的谐趣园内，谐趣园是颐和园著名的园中之园，始建于乾隆十六年（公元1751年），仿江苏无锡惠山的寄畅园而建。园中景色盎然，四季如画。面积不大的园内，以水面为主布置景观，几座不同形式的建筑和小桥相间错落，构成别具雅趣的景致。其中那座引自庄子和惠子对话而得名的知鱼桥最富有情趣，而桥头的石牌坊更为引人注目，牌坊上雕刻着乾隆皇帝作的诗句和与知鱼桥有关的联句，寥寥数语融于一牌坊之中，即将一园之景趣描摹意尽。

堆云坊

龙光紫照坊

堆云坊

在北海团城和琼华岛之间是一道长桥，名为堆云积翠桥，在这座桥的南北两端各建有一座牌坊，北为堆云坊，南为积翠坊。两座牌坊均为三间四柱三楼形式，楼檐下设有层层堆叠的斗拱，细腻繁复而有序。上图为堆云坊，坊心书"堆云"匾，上下绘精美的和玺彩画。

龙光紫照坊

在北海琼华岛南坡近中部也有一座精致非凡的牌坊，名为"龙光紫照"。它的具体位置在永安寺后面的高地上，这里是一处小平台，正好立着宽大的龙光紫照牌坊，坊为三间四柱式，在造型、色彩、装饰等方面与堆云坊相似，但看起来更有气势。

虎丘坊

虎丘坊

苏州的虎丘山前部有一座石坊，坊面上嵌有"吴中第一山"匾，这是一座三间四柱式的石牌坊，灰瓦、灰枋、白柱，素雅而稳重，飞翘的檐角与鳌鱼装饰又为它增添些许灵动之姿。

霏香坊

霏香坊

颐和园内牌坊众多，左图是位于武圣祠的一座牌坊，坊名"霏香"，木质，三间四柱三楼形式，它的特别之处是四根立柱为高出楼顶的冲天式，并且四柱上部全部绘有旋子图案，与横枋上的旋子彩画相呼应，极富艺术性与装饰美感。

第十七章　园林实例

园林中的经典留存

中国古典园林的历史悠久，其数量更是众多，如，秦汉时的上林苑；魏晋时的华林苑、铜雀园、龙腾苑、西游园；隋唐时的西苑、曲江芙蓉园、禁苑；宋代的艮岳、金明池；元明清时的西苑、圆明园、颐和园、避暑山庄等。这些还只是皇家园囿的一部分，私家园林就更多了。在数不胜数的古代园林中，很多都已因人为或自然的因素而灰飞烟灭，但留存下来的实例数量仍然可观，特别是江南私家园林，仅闻名遐迩者就有拙政园、留园、沧浪亭、网师园、狮子林、怡园、耦园、寄畅园、个园、何园等多座。

环秀山庄

环秀山庄位于苏州景德路，面积不大，但却极有特色，是一处难得一见的园子。环秀山庄面积小，建筑也不多，园中的主体建筑就是"环秀山庄"厅堂，另外还有西楼、补秋山房、问泉亭。其余大部为假山石洞所占。山洞、石室、峡谷、峭壁、危径，曲折穿插，或连或断，令人称奇。又配以曲池、回廊、小亭等，更彰显出这座小园的特别之处，成为让人惊叹的园林佳作。

环秀山庄

拙政园

拙政园是苏州古典园林中最著名者之一，位于苏州市娄门内东北街。园子建于明代正德年间，是当时被诬离职的御史王献臣归隐后的宅园，因为归隐后无官场繁事相扰而处于闲居自适状态，所以取《闲居赋》中"是亦拙者之为政也"之意将园命名为"拙政园"。嘉靖时，才子文徵明为其作《拙政园记》，使之名声传扬。明末时，园子被不同人分购，又都经过一定的改建，所以它又有复园、吴园、书园、补园、蒋园、归田园居等众多名字，其后渐渐形成了东、中、西三个园区，以中区为主，其他二区也各有特点，景致佳胜。

4 小飞虹

小飞虹是拙政园中一座非常有特色的小建筑，它架设在水上是一座桥梁，可以供人来往通行，同时，因为桥上另建有屋顶，所以它也是一道廊子，兼有这两种建筑功能与特点正是它的特别之处，因此它被称为廊桥。

1 倚玉轩

倚玉轩是拙政园内一座较重要的小轩，与中部园区的主体建筑远香堂相依。小轩临池而建，因而又如水榭。

6 香洲

香洲是拙政园内一座似船的建筑，它是仿照水中行船而建，不可行但可赏可游。虽然其形象并不是完全写实，但一艘船该有的甲板、船舱等部分却都不缺。

2 荷风四面亭

拙政园荷风四面亭位于园子中区，并且是建在中心岛的突出之处，可谓四面来风，四面临水，所以在荷叶、荷花飘香之季，可以四面观、闻香荷，因此得名"荷风四面"。

3　松风亭

松风亭位于中部水池的东南岸，三面临水而立，并且三面均设冰裂纹隔扇。这座亭子距离小飞虹和小沧浪不远。

5　得真亭

得真亭在小飞虹西端的池岸边，亭内特设有一面镜子能倒映出对面之景，丰富与扩展了园内景观。得真亭其名出自《荀子》："松柏，经隆冬而不凋，蒙霜雪而不变，可谓得其真矣。"

7　曲桥

拙政园内池水上有很多座小桥，尤其以曲桥最多，曲桥的桥面平坦，而桥身走势曲折，平稳而有变化，观之又如水中游龙，矫健多姿。

8　柳阴路曲

柳阴路曲因柳而名，也因建筑形态而名，这是一道曲折优美的游廊，廊子内悬有"柳阴路曲"匾。

留园

留园也是一座著名的苏州古典园林，位于苏州市阊门外，是明代万历年间的太仆寺卿徐泰时所建私园，时名东园。清代乾隆年间，园子为刘恕所得，重新修建之后，因有青竹碧波绝妙，故改名为寒碧山庄，附近的人们则因主人姓刘而称之为刘园。清末战事纷起，苏州阊门外同样历经兵燹，但这座刘园却保存下来，因此依其谐音而将园名改为留园。留园可大致分为东、中、北、西四个部分，也以中部园区为主，园中建筑主要有曲溪楼、清风池馆、西楼、明瑟楼、涵碧山房等。

3 冠云台

冠云台居于冠云峰庭院的西南角，建筑也为一座小亭形式，屋顶隔廊与西面的佳晴喜雨快雪之亭相连，檐角飞翘灵动。

6 冠云沼

冠云峰前部的池沼同样以石名为名，称为冠云沼。

1　冠云楼

冠云楼是冠云峰庭院的主体建筑，居于庭院北部，是一座两层的宽大楼阁，卷棚顶、灰瓦、朱红隔扇，形体稳固、庄重。

2　冠云峰

冠云峰是一峰绝妙的湖石，堪称江南园林第一石，它在留园中所处的庭院与院内建筑都以它的名字来命名，可见其被喜爱之甚。

4　伫云庵

伫云庵也称待云庵，位于冠云峰庭院的东南角，与冠云台东西相对。此建筑即得园林意趣，又富有禅意，这从其内一副对联也可见一斑："儒者一出一入有大节，老僧不见不闻为上乘。"

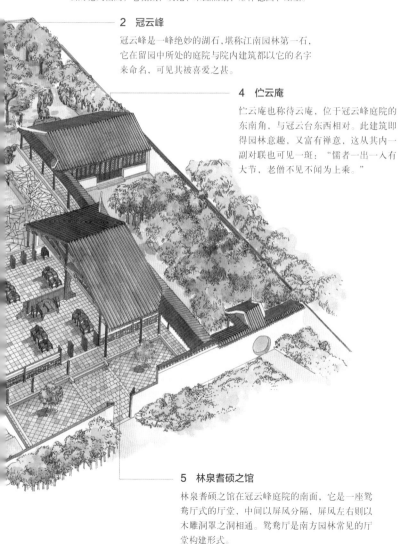

5　林泉耆硕之馆

林泉耆硕之馆在冠云峰庭院的南面，它是一座鸳鸯厅式的厅堂，中间以屏风分隔，屏风左右则以木雕洞罩之洞相通。鸳鸯厅是南方园林常见的厅堂构建形式。

艺圃

艺圃位于苏州城西北角的文衙弄,是明代学宪袁祖庚所建,时名醉颖堂。后来,园子归了文徵明的曾孙文震孟,成为文氏的隐居之所。文震孟在原有基础上增建了青瑶屿等建筑,并在园中栽种药草,所以改园名为"药圃"。清初时,园子又归姜采所有,并将园名更改为"艺圃"。艺圃是一座宅园,位于宅后,园子以水池为中心,池北建筑,池南堆山,东西两岸景观疏朗。整个园子小巧紧凑,"以合为主"。

1 漏窗墙

园林要营造清幽独立的空间,必须得有高墙围合。最外围的墙可以是实墙,但园林内部用以分隔区域的墙则不能用实墙,以免过于封闭、呆板、不曲折,所以设计者往往于墙上开设窗洞,或纯粹的空窗,或带棂格的漏窗,成排成组设置,可以透景、漏景,以成隔而不断之势。

3 小桥

园林中桥梁的主要作用是作为营造意境的辅助件,实用性与功能性并不是很强。尤其是在私家小园中,桥多小巧,或在水面,或在水口,成为一道小处着眼的景观。

5　廊

园林内廊子也是不可缺少的建筑形式之一，它在很大方面来讲具有漏窗墙的作用，可以隔断与联系园内不同景区，但廊更为开敞、空透，形态更曲折多姿，内外皆可游可赏，又能作为游人游赏的引导建筑。

4　月亮洞

园林门洞多种多样，有普通的竖直的方形，还有海棠花形、瓶形等变异形式，更形象生动，尤其是圆形的月洞门最为常见，也最具玲珑、圆润之美，开设于墙上，可通行，更可作为绝好的取景框。

2　亭

亭可以独立建置，也可以建于山上、树丛中，与树、石结合成景。本图小亭即有树荫掩映，更添幽然之境，玲珑之姿。

狮子林

狮子林原是一处寺庙禅林，是元代至正年间惟则禅师的弟子为他而建，时名"狮子林菩提正宗寺"。禅林中建有方丈室、禅房、僧堂、法堂、客舍等建筑，与池水、山石共同构成一处清幽的园林式禅寺景观。明初荒废，万历重修，并增建山门、大殿、藏经阁，原有山水部分改作花园。清初花园归张士俊所得，乾隆时又归黄兴祖所有，20世纪初贝润生得园，大加修缮，增建了燕誉堂等建筑，使园子焕然一新。狮子林在苏州古典园林中以山石取胜。

3 石舫

一般园林内设置石舫，只是仿船而建，讲求的是意境而少强调形状，但狮子林的石舫却是意境与形态兼具，舫形非常写实。

1 湖心亭

江南私家园林多以水池为园之中心，为了丰富池面，除了采用植荷的方法外，还多架设曲桥，而在相对较大的水池中，曲桥太长也会给人乏味感，设计者便于桥中段或一端另建小亭。苏州狮子林湖心亭即是这样一座小亭，立于曲桥之上，下临池水，凉风四面，气氛清新。

2　暗香疏影楼

暗香疏影楼是狮子林园内一座重要的建筑，为体量高大的两层楼阁，楼之所以名为"暗香疏影"，实因这里曾有梅花飘香之故。

4　荷花厅

通常荷花厅是因面临一池荷花而得名，狮子林的荷花厅也是如此，正建在水池边上，对着池内的荷花。

5　指柏轩

狮子林内的很多建筑皆因景或园内植栽而名，暗香疏影楼、水心亭、荷花厅是，指柏轩也是。不过，如今去游园却也未必能看到松柏了。

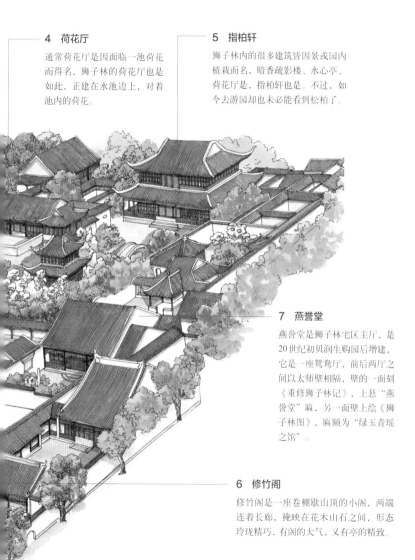

7　燕誉堂

燕誉堂是狮子林宅区主厅，是20世纪初贝润生购园后增建，它是一座鸳鸯厅，前后两厅之间以太师壁相隔，壁的一面刻《重修狮子林记》，上悬"燕誉堂"匾，另一面壁上绘《狮子林图》，匾额为"绿玉青瑶之馆"。

6　修竹阁

修竹阁是一座卷棚歇山顶的小阁，两端连着长廊，掩映在花木山石之间，形态玲珑精巧，有阁的大气，又有亭的精致。

怡园

怡园位于苏州市人民路，它是一座由画家构思的极具诗情画意的文人园。怡园是清代光绪初年的道台顾文彬所造私园，园子分为东、西两个部分。东部原是他人旧宅，被改建为若干庭院，其间种植花、草、树、竹，杂以山石，意境自生。西部新辟院落，内建山、水、亭、馆，以假山、水池为中心，山在水之北，形态天然，不多雕琢，水池南是西园主厅藕香榭。建筑丰富多彩，布局精心细致。东、西园以一道复廊相隔。怡园的建造吸取了苏州其他园林所长，形成自己的特色。

1 藕香榭

藕香榭是怡园的主体建筑，它是一座四面厅，同时也是一座鸳鸯厅。北厅面对中心水池，因池中莲花而得名为"藕香榭"。南厅名为"锄月轩"，厅前曾植有梅花数枝，所以取元代的萨都剌的诗"今日归来如昨梦，自锄明月种梅花"而名"锄月轩"。

5 南雪亭

南雪亭在园子的东南部，正是东部曲廊的南端。此亭之名得于梅花，因梅是冬天浴雪开放的花类，所以将依梅小亭命名为"南雪"。

6 拜石轩

拜石轩也是一座四面厅，建在怡园园区的东部偏南处，在南雪亭东面不远。拜石轩名取书画家米芾爱石拜石之典。这座四面厅北面有怪石，而南院有松竹梅，因而又称"岁寒草庐"。

3 湛露堂

湛露堂位于怡园园区的最西端，正在园子西北的突出位置，它是一座空间宽敞的大厅，三开间，是曾经的园主顾氏的家祠。堂名取自《诗经》："湛湛露斯，匪阳不晞"之句。

2 面壁亭

面壁亭是一座建在游廊上的半亭，"面壁"其名得于禅宗祖师达摩面壁的故事。怡园的这座面壁亭内置有一面大镜子，可以映出远处山水之景，虚幻了园林意境。

4 小沧浪亭

小沧浪是一座六角形的小亭，立于园区北部的假山之上，山亭相依，颇有自然野趣。

虎丘

虎丘是苏州著名的风景名胜景区，位于苏州城西北七里处、山塘河的北岸。虎丘始称"海涌山"，因吴王阖闾死后葬在此处，有白虎居其上，故名"虎丘山"。东晋时，司徒王珣和其弟在此营建别墅，后来舍宅为寺，称"虎丘山寺"，宋代时改称"云岩禅寺"，清代又改为"虎阜禅寺"。因此，虎丘景致旧有寺里藏山的特色。历史悠久的虎丘，经历重重风雨后，今天的景致更为幽奇，风光更为怡人。

1 虎丘塔

虎丘塔建于虎丘山近顶处，本身地势就高，塔自身也极高，所以成为虎丘山的制高点，从很远处就能看到其形体。

2 致爽阁

致爽阁距离虎丘塔不远，是虎丘山地势最高的一座建筑，加之四面设有隔扇窗，所以在炎热的夏季里，立于阁内也可享受一份清凉，所以称为"致爽"。

6 拥翠山庄

拥翠山庄是虎丘山中的一座独立小园，位于山的西南处，与万景山庄相对。它是晚清时名妓赛金花的丈夫状元洪钧与友人共同兴建的。

3　双吊桶

双吊桶是虎丘山上的一座小桥，因过去山上的僧人在这里用桶打水，于桥上开挖了两个圆洞以下桶，所以称为"双吊桶"。

4　千人石

千人石几乎是虎丘山坡面的中心，这里一处石台景观，石上立有塔幢。传说这里曾是生公说法引得千人坐听、顽石也点头的地方。

5　万景山庄

在虎丘山的东南麓有一处幽静之景，名为万景山庄。这是一处以盆景艺术为人关注的园林景致。

沧浪亭

沧浪亭

沧浪亭是苏州现存最为古老的一座古典园林之一,现处于苏州城南的三元坊。沧浪亭园的园门外有一条沧浪亭街,路口立着一座沧浪胜迹石坊,它是园子的引导建筑和标志。坊前有一片溪水,站在坊处隔水即能观赏到园子近水一面的景观,有垂柳拂水,桥栏曲折,廊榭映水。而过胜迹坊由曲桥进入园中,门内即有一座石山遮挡,使园内气氛更显清幽宁静。沧浪亭园外水内山,而清香馆、五百名贤祠、明道堂、瑶华境界、见山楼、仰止亭、御碑亭、沧浪亭等则隐于山水之后,必得入园方能一探究竟。

耦园

耦园

耦园位于苏州小新桥巷,其名之所以为"耦",因为此园有东、西两个部分,"两"为偶数,取"偶"音而称为耦园。耦园以东园为主。东园为清代陆锦修建的私家园林,时名"涉园"。清末为沈秉成所得,进行了重新修建。耦园的布局以黄石假山为中心,假山气势雄伟、挺拔峻峭。假山东面辟有水池并延伸向南,在池端建有名为山水间的水榭,是眺望园中山水景致的最佳位置。水池边设有亭、廊、楼、阁、树木、花草等点缀、衬托。假山的北部是此园的起居、宴饮建筑群,主要建有城曲草堂、双照楼。

拥翠山庄

拥翠山庄是苏州虎丘山中的一座独立小园，位置在虎丘山二山门内憨憨泉的西侧。这座小园是清光绪时的苏州状元洪钧领头出资修建，园子建成之后成为当时文人的重要的雅集之所。拥翠山庄建在虎丘山中，虽然是一个独立小园，但却与虎丘原景非常地契合，并且也随着山势布置，所谓因地制宜而作，又善于借景，景观丰富。小园总体呈南北向的近似长方形，前后共有四层台地，分别建有院门、抱瓮轩、问泉亭、月驾轩、拥翠阁、灵澜精舍、送青簃等。

拥翠山庄

残粒园

残粒园位于苏州装驾桥巷，是清光绪时期扬州盐商在苏州所建私园。这座小园是苏州最小的一座园林，面积只有140多平方米，园内也只有一池、一山、一亭而已，其余为几株树木，但中国古典园林的造园要素它却是一样不缺，有山有水有建筑有花木，可游可赏，同样极富中国对园林设计与景观的追求意境与美感，或者更可以说，它在这么小的范围内能做到中国古典园林所追求的意境，正是它的特别之处，正是它令人赞赏的所在。

残粒园

第十七章 园林实例

寄畅园

寄畅园

寄畅园位于无锡市西郊的锡惠公园内，是锡惠公园的一个园中园。它是明代正德时的兵部尚书秦金所建私园，秦金是无锡凤山人，自号凤山，因此将所建小园命名为凤谷行窝，既合自己的号，又有仿古人隐居之意。这座园子即是后来的寄畅园，它是由秦氏后族秦燿所改。秦燿罢官归田后将小园大肆扩建，并取王羲之《答许椽》中的诗句"取欢仁智乐，寄畅山水阴"中"寄畅"二字为园名。这一时期为园子的全盛期，建筑景观有数十处，各有特色，闻名景观也不在少数。

鹤园

鹤园在苏州韩家巷西口，清光绪时，官为观察的洪鹭汀在韩家巷建筑宅邸，将宅西辟建为园子，并将园子命名为"鹤园"。园中凿方形水池，水平如镜，堆参差假山，峻美独特，并建有亭、台、廊、馆，植有花、草、树、木，山水、亭台、花木相映，景观幽美不凡。鹤园面积虽然不大，但布局紧凑，环境幽雅，别具特色。

鹤园

大明寺西园

大明寺西园位于扬州市西北郊平山堂路侧的蜀岗上，距离瘦西湖很近。这里是一座寺院，西园只是寺院的一部分，就相当于寺院中的后花园。虽然它是一座寺院中的附属园林，但园林的意趣却不输于一般的私家园林，山水气氛浓厚，没有因在寺院中而带有过多的佛教气息。西园占地约 10 亩，是清代乾隆时的光禄卿江应庚所建。园以水池为中心，池中堆三岛，以应一池三山布局。

1　御碑亭

在中国的古典园林中，亭子是不可缺少的建筑，也是最为常见的建筑。亭子大多是用来坐息赏景的，也有些园林中还建有碑亭，亭内立碑以纪念，或是为纪念建园，或是为纪念重要人物的游赏。御碑亭是园林碑亭的一种，是放置皇帝游园后所作诗文刻碑之亭。

2　栖灵塔

大明寺中的栖灵塔是一座供奉佛骨（舍利）的塔，塔的形体由下至上略有缩小，方正而稳固。

3　叠山

园林主景为山为水，水可以引活水，而山则大多为人工堆叠，所以称为假山。假山可以是黄石、湖石、宣石等多种石材。大明寺西园水池边的大假山即为黄石堆叠而成，山高达数丈，体形峻拔，但山中内空，以形成空洞山谷，别具深意。

6　围栏、石基

园林中的临水建筑，不论是厅堂，还是轩榭，为了更适于游者观景，往往在建筑前方砌筑较大面积的石基，伸于水中，又于石基临水处设围栏，人们可以立基凭栏观赏园景又保障了安全。

4　水岸

私家园林因多是连着宅子，所以更讲究安全性，池水沿岸多用砖石叠砌，而寺观园林水池岸则多随自然之形之态，是土即土，是石即石，只是略加修整或是不加修整，更具山林野趣。

5　厅堂

厅堂是中国古典园林中最重要的建筑，多作为园林主体建筑使用，是家人会聚、宴客、观景之所，体量相对较大。厅堂有普通厅堂，也有开敞的四面厅或是临水的水榭式厅。上图厅堂即是一座水榭式的临水厅，单檐歇山顶，正面对着中心池水。

寄啸山庄

寄啸山庄也就是何园，由清同治年间的何芷舠所建，并且是在原吴家龙的双槐园故址上建造，何氏因为看中了这块地方，所以出钱买来建园。园子建成之后，取陶渊明诗"倚南窗以寄傲"和"登东皋以舒啸"中的"寄""啸"二字为名。园子主要分为住宅、片石山房和寄啸山庄三大部分。现存园林以水池为中心，四面建有亭、台、楼、馆、廊等，池岸叠有假山。纵观全园，兼具南北方风格与中外建筑样式，是晚清扬州巨商、名宦宅园的典型。

2 赏月楼

赏月楼在蝴蝶厅的西南部，楼后有浓郁的树木，楼前有层叠的假山，南、北、西三面都比较开敞，没有什么遮挡，是极好的观景之处，如于月圆之夜登楼更可观清爽月色。

5 玉绣楼

玉绣楼是两座楼，前后相延，两楼各带一进院落。两座楼皆为两层，前后带廊，小院两侧也有廊前后相连、相绕，所以总体看来就如四合院，楼体高大，气势宏大。

6 楠木厅

楠木厅实名为煦春堂，在玉绣楼的前方，面阔七开间，带廊。因为建筑的大木构架全部采用金丝楠木制作，所以称"楠木厅"。

1 蝴蝶厅

蝴蝶厅是寄啸山庄西园区的主体建筑，它是一座三开间两层的楼房。它最特别之处是前、左、右与双层的廊子相连通、形成优美、别致的蝶厅楼廊景观。

3 水心亭

山庄西部中心为水池，水池中建有一亭，即称水心亭。亭子的平面为四方形，上为四角攒尖顶，亭檐下四面横披窗和挂落都是冰纹形式，非常之清雅。

4 船厅

寄啸山庄的东园区以船厅为主建筑，厅的面阔三开间，明间正面柱上挂有一副对联："月作主人梅作客，花为四壁船为家"，既写出了建筑的性质，也写出了一种主人的心愿与不俗品格。船厅的四壁全部设有明窗，可以四面观景。而建筑四周地面以瓦、石铺作水波纹，更显清爽自然。

畅园

畅园位于苏州市庙堂巷22号，它是一座以水池为中心的小型宅园。中国古典园林追求的是曲折无尽意，只有意味无尽才能让人产生游赏的欲望，才能带给人不一样的美好感受，而这座畅园的面积只有约900平方米，非常小，要做到曲折无尽确实不容易，而且依它的名称来看，园子还需要有"畅"，即开敞、畅通。畅园虽小却非常符合上面的要求，它主要是通过数道曲桥和曲廊来实现它的"曲意无尽"的，而它的"畅"主要由中心水池来表现。

畅园

乔园

乔园位于江苏省泰州市海陵南路，建于明代万历年间，是陈应芳所建的宅园。主人姓陈，为什么将园子称为"乔园"呢？其实当时的乔园名为"涉园"，是陈应芳取陶渊明《归去来兮辞·并序》中的"园日涉以成趣"之"涉"为名的。清末时，两淮盐运使乔松年得了园子，才始称"乔园"。园子大体分南北两区，南为山水，北为庭院、可游、可赏、可行、可居，是泰州极具代表性的古典私家小园林。

乔园

网师园

网师园于清代建造，是宋宗元在南宋史正志万卷堂的原址上辟建而成。园子位于苏州城的东南部，是一座典型的前宅后园式的私家园林，游园须从宅门进入。网师园中心辟有小水池，名"彩霞池"，建筑主要临池而建，其间山石堆叠，树木参差林立，景致多姿，气氛幽然。池的南岸为园中主屋小山丛桂轩。池北是书斋部分，有看松读画轩、五峰书屋、集虚斋等。池西与西南建有月到风来亭、濯缨水阁。池东北角建有竹外一枝轩、射鸭廊。园林布局精妙、建筑协调、紧凑而有层次。

网师园

个园

个园位于扬州市盐阜东路，是清代嘉庆年间的两淮总督黄至筠所建。个园的特别之处不但从园景上表现出来，它的园名也同样耐人寻味。个园主人黄至筠生性爱竹，于园中种有美竹万竿，因为竹叶形如"个"字，所以称园为"个园"。不但如此，他还自号"个园"。个园内最为特别的景观就是四季假山，分别是以石笋为主题的春景、以湖石为主题的夏景、以黄石为主题的秋景、以宣石为主题的冬景。

个园

汪氏小苑

汪氏小苑是清末徽商汪竹铭创建，其后他的长子汪伯屏又将之扩建，形成更丰富完善的小园景观。汪氏小苑位于扬州市老城区地官第街 14 号，所以有人就直接称之为"地官第 14 号"。一般的宅园都是一宅一园，而汪氏小苑则是一宅四园，分别位于它的四角，整体布局上突破常规。四个小园每园各有意趣，各显美感，但都玲珑小巧。四园中东南角无题、东北角为"迎曦"、西北角为"小苑春深"、西南角为"可栖徲"，题名各因位置和景观的特色而得。

汪氏小苑

西湖

西湖又有金牛湖、钱塘湖、西子湖、高士湖等名称，是中国最为著名的景观园林之一，位于杭州城的西面。西湖的面积约 6 平方公里，其中水域就占了约 5.6 平方公里。偌大的水面被两条长堤分隔，两条长堤即为苏堤和白堤，两堤分割后的水面共有外湖、岳湖、小南湖、北里湖、西里湖等五湖。五湖中以外湖最引人注目，湖中有仿照蓬莱仙山而建的三岛，即三潭印月、湖心亭、阮公墩。西湖内外、堤岛之上，建筑与自然景观不计其数，而最著名者就有十景：苏堤春晓、平湖秋月、曲院风荷、雷峰夕照、双峰插云、花港观鱼、柳浪闻莺、三潭印月、南屏晚钟、断桥残雪。

1 三潭印月

三潭印月也称小瀛洲，是杭州西湖中象征海上三仙山的三岛之一。岛形圆润如月，外侧湖水中有三座石塔映照，形成三潭印月景观。

5 苏堤

西湖上的苏堤比白堤更为闻名，它也是因文人名士而得名，这位名士就是宋代大文豪苏东坡，是人们为纪念苏东坡任杭州知州时疏浚西湖而以其姓题。苏堤长度为白堤两倍而多，近 6 里，横跨于西湖西部湖面上，连通湖的南北岸，堤上还建有跨虹、映波、压堤、望山、锁澜、东浦六座小桥。

2 阮公墩

阮公墩是西湖三岛的另一座岛屿，它是清代两任浙江巡抚的阮元所辟建，据说他在疏浚西湖时，不但大力修缮名胜古迹，而且为了增加湖中岛屿景观，特在当时已有三潭印月和湖心亭岛的基础上，又在西北建了小岛阮公墩。

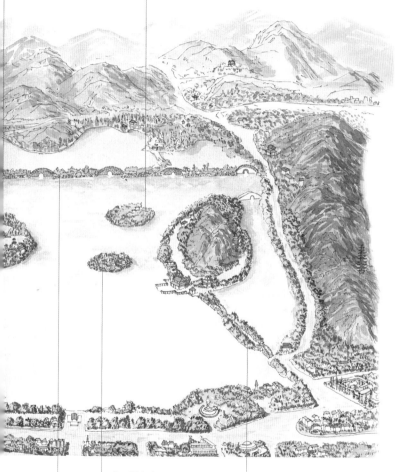

3 湖心亭

湖心亭也是西湖三岛之一，在三潭印月的北面。因位处湖心，岛上又曾有湖心寺，寺毁后重建亭于其上，所以得名"湖心亭"。岛的面积虽然在西湖三岛中最小，但栽花植柳，掩映亭台，却是景致与趣味俱佳。

4 白堤

白堤是西湖上的一条名堤，东起断桥，西至平湖秋月。这条湖堤早在白居易来杭州之前即有，白居易来杭州任刺史时再次疏湖筑堤，后人为纪念这位名士贤者，便将此堤称为白堤或白公堤。

文澜阁

文澜阁位于杭州孤山南麓，是清代乾隆年间为珍藏《四库全书》而建。乾隆时为藏《四库全书》共建了七座楼阁，即沈阳故宫的文溯阁、北京故宫的文渊阁、承德避暑山庄的文津阁、圆明园的文源阁、扬州的文汇阁、镇江的文淙阁，以及这座文澜阁，七阁基本都是依照宁波的天一阁而建。在这七座阁中，文汇、文淙、文澜位处江南，而不若其他四座一样是建在皇家宫、苑中，在这三座江南阁中，目前只有文澜阁还保存着。文澜阁建筑按中轴线布置，建筑除了阁本身外，还有垂花门、厅室，另有假山和水池，池中置仙人峰，构成了富有园林意味的景观。

1 文澜阁

文澜阁是清代乾隆年间所建七座藏《四库全书》的书楼之一，位于杭州孤山南麓。阁为双层，上下均为六开间，最西端一间略小为楼梯间，两层皆有出檐，顶为硬山式。楼阁体量高大，造型稳重。

2 御碑亭

在文澜阁前部东南位置，有一座重檐歇山顶的御碑亭，亭内立有乾隆御碑，碑的正面刻着乾隆御制诗，背面刻着《四库全书》上谕。

3 厅

在文澜阁前院落的前方有一座五开间的厅室，单檐卷棚顶，它是厅的形式，但是作为读书用的书斋，现辟为阅览室。厅前叠置假山，环境清幽，正是读书的好地方。

4 门厅

在读书斋的前方，假山之前是文澜阁建筑组群的门厅，也就是大门，面阔三开间，两山连接左右配房，形成一座整体呈凹字形的建筑。

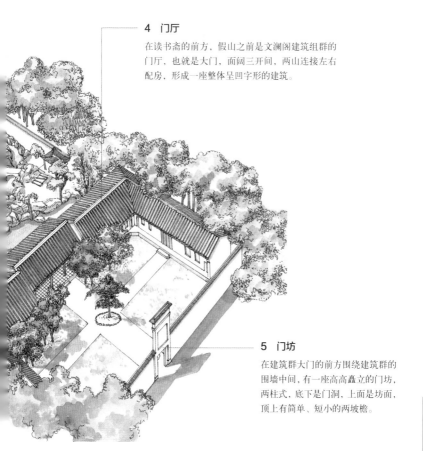

5 门坊

在建筑群大门的前方围绕建筑群的围墙中间，有一座高高矗立的门坊，两柱式，底下是门洞，上面是坊面，顶上有简单、短小的两坡檐。

兰亭

兰亭是中国一处著名的景观园林，位于浙江省绍兴市西南部的绍大公路边。这座园林与中国其他的古典园林不同，甚至也与其他的景观式古典园林不同，它最大的特点是"文化"内涵。之所以如此说，是因为兰亭不是由于景观美妙而成园林，而是因为书法与文化而成园林，这里的文化就是指东晋书法家王羲之所领带的兰亭集会，东晋永和九年（公元353年），王羲之邀集了40多位友人、文士举行集会，进行曲水流觞活动，吟诗写序，成为千古佳话。后世出于仰慕，也是为纪念，在书法家当年集会之地建了兰亭、流觞亭、墨华亭、王右军祠等建筑，形成了一处文化气息浓郁的景观园林。

1 鹅池碑亭

鹅池碑亭是一座平面呈三角形的小巧亭子，亭临鹅池而建，亭内立有石碑，碑上书刻"鹅池"二字。这座小碑亭和亭旁鹅池的设立是缘于王羲之爱鹅的故事。

2 小兰亭

由鹅池碑亭过鹅池南行，不远即可到达小兰亭。小兰亭是一座四方形的小亭，顶式为单檐盝顶，中心立有宝顶，比较精巧特别。小亭内立有一方石碑，碑上刻"兰亭"二字。

4 御碑

在流觞亭的南面有一座体量特别大的亭子，平面八角形，这就是御碑亭，曾毁。亭内置有一方高大的石碑，碑的正面刻的是康熙皇帝临摹的《兰亭集序》全文，背面则刻着乾隆所制《兰亭即事诗》，祖孙手迹同碑，堪为佳话。

3 流觞亭

在小兰亭的西北位置有一座体量较大的亭子，这就是因曲水流觞而得名的流觞亭，亭子虽然名为亭，实是一座四面开敞的厅堂式建筑，上为单檐歇山顶。

5 墨华亭

墨华亭建在王右军祠庭院内的水池中，亭为四角攒尖式。亭下水池为墨池，是依据王羲之练书法墨水染黑一池水的传说而建，亭便也因池而名"墨华"了。

6 流觞处

曲折的溪水正是曲水流觞处，是文人流杯作诗聚会的主景。

瘦西湖

瘦西湖是扬州一处著名的景观园林，闻名全国，它的位置在扬州市的西北，从旧城北门外开始，向西、向北可达虹桥、小金山、熙春台、平山堂，全长十多里，形体修长略为曲折，所以称为"瘦西湖"。瘦西湖之美不但在于水的形体，更在于其中的每一处景观，长堤春柳、徐园、熙春台、小金山、莲性寺、凫庄、白塔、静香书屋、小李将军画本轩、二十四桥、虹桥、五亭桥，每一处景观与建筑都是那样令人心动，特别是五亭桥，已成为瘦西湖的标志。

瘦西湖

嘉兴烟雨楼

嘉兴烟雨楼建在老城南面的南湖之上。南湖有东西两部分，唐代时就有"轻烟拂渚，微风欲来"的迷蒙景观，唐末五代时广陵王钱元璙任中吴节度使，不久在南湖上建南湖楼以供登临，其后南湖渐渐成为旅游胜地。明代时因疏浚南湖而于湖中堆积出一座小岛，并将湖滨的南湖楼移建岛上，又因湖面常有烟雨迷蒙，而改楼名"烟雨楼"。自此，烟雨楼景观美名远播，甚至吸引了乾隆皇帝六下江南，八次登岛，尤爱不足，又特意在承德避暑山庄青莲岛上仿建了一座烟雨楼。

嘉兴烟雨楼

无锡惠山云起楼

无锡惠山云起楼在惠山寺大同殿的南面，是在原来寺中僧人所居的天香第一楼的旧址上建造的。云起楼并不是一座楼阁，而是由亭、台、楼、阁、石、泉、廊，以及一些寺庙建筑等共同组成的寺庙园林。曲廊依山而建，成为爬山廊的形式，它巧妙地连接了园区各建筑与景观，使之成为和谐、完整的一体。这是一座极具江南小园特色的寺庙园林。

无锡惠山云起楼

豫园

豫园是中国上海市现存不多的几座古典园林之一，位于上海市老城厢南市区，与老城隍庙毗邻。豫园是明代嘉靖年间的潘允端创建，据记载，潘允端初时参加乡试未中，便于自家宅侧辟建菜园，后来终于考中了进士，得了官职，却又多受排挤，于是辞官回乡，将原有菜园加以整修扩建，形成了一处如世外桃源般的私家美园。园成后，依《诗经》中"逸豫无期"之句而将园子命名为"豫园"。清代时，此园曾一度归入城隍庙成为寺园。豫园景观以湖心亭、九曲桥、玉玲珑、九狮轩、快楼等几处为最，或山或水，各有佳妙。

豫园

扬州小盘谷

扬州小盘谷位于扬州市丁家湾大树巷，大概创建于清代乾隆年间，光绪时被两江总督周馥购得，重新加以修建。小盘谷也是一座宅园，园在宅子的东面，由宅子的大厅可通过月洞门进入小园，洞门上有额题"小盘谷"。园子分为东西两部分，中间以曲廊和龙墙进行分割，廊、墙上设有漏窗，产生隔而不断的效果，因此，廊、墙实际又起着连接东、西区园子的作用。园内树木花草、假山、水池、亭台一应俱全，古典园林该有的因素一样不缺，意境也极不凡。

扬州小盘谷

颐和园

颐和园是一座著名的清代皇家园林，创建于清代乾隆年间，它是在乾隆皇帝的亲自指导下设计建造的一座园林，但实际自元明时期已有皇家建园的先例。颐和园位于北京的西北郊，在乾隆时名为清漪园，清末遭英法联军的破坏，慈禧太后重修园子后，将之改名为"颐和园"，取颐和养性之意。颐和园内有山有水，山水相依，山为万寿山，水为昆明湖，总面积近3平方公里，而水面占据四分之三。建筑主要集中于万寿山上，前山主体为佛香阁、排云殿建筑群，后山主体为须弥灵境建筑群。湖中景观主要有南湖岛和西部长堤，以及堤上六桥。

2 宝云阁

在佛香阁的西面有一组建筑名为五方阁，它以铜亭子为中心，这座铜亭子名为宝云阁，全部用铜制成，工艺复杂，造型精美，闻名遐迩。

5 清华轩

排云殿建筑群的西面一组庭院为清华轩，它在乾隆时是一座模仿杭州净慈寺修建的佛寺，称为五百罗汉堂。毁于英法联军的兵火。光绪时重建为居住用的小庭院。

1 佛香阁

佛香阁是颐和园万寿山前山的最高点、最重要建筑和主景,也是整个万寿山上最重要的建筑。楼阁体量高大,下面更有高大的台基,气势逼人,而立于阁上俯视则可观前山前湖所有景观,视线绝佳。

4 转轮藏

转轮藏建筑群建在佛香阁的东面、与西面的五方阁相对。它是一座宗教性建筑,由一座居中的三层殿和两座配亭,以及前方的万寿山昆明湖石碑组成。

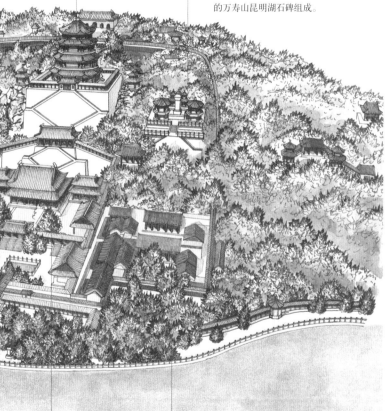

3 排云殿

排云殿是佛香阁前方的一组殿堂建筑群,同时也是这组建筑群中的主体建筑,它是清末慈禧重建颐和园时修建,主要殿堂全部为黄色琉璃瓦覆顶。

6 介寿堂

介寿堂建筑群与清华轩相对,这里原是乾隆时的大报恩延寿寺的慈福楼,清末在其基址上改建为庭院,取《诗经·豳风·七月》中"以介眉寿"为名,为祝寿之意。

北海

北海是一座著名的皇家园林，与颐和园相比，北海更具有皇家内苑的性质，这主要是因为它处于皇城之内，是皇城内最大的园林。北海位于皇城的西面，和中海、南海合称为西苑。北海在辽金时已经辟建，元代时更以琼华岛为中心建成了大都，明清加以扩建、修整，形成一处以山为中心、以水环绕、建筑丰富、景观齐备的迷人园林。北海主要由北岸、东岸、琼华岛和团城四大建筑区组成，琼华岛上的白塔，站在北京城的很多地方都可以看到，巍然高耸，是北海的一大标志性建筑。

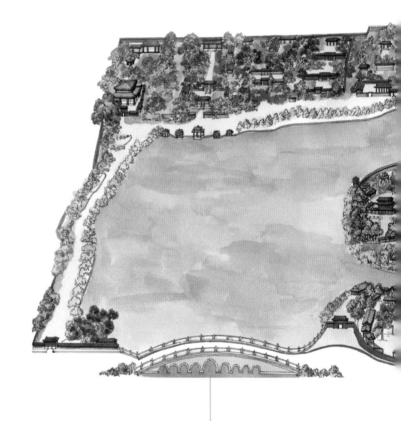

5 金鳌玉蝀桥

北海琼华岛的历史在现存北海皇家园林中最悠久，它在辽金时即有一定的规模。在金代时，为了进出团城特意修建了昭景和衍祥二门，又分别于两门外建金鳌玉蛛桥和御河桥，御河桥后被拆，而金鳌玉蛛桥保存至今并经过改扩建。

2 北海北岸

北海的北岸建筑也极多，几乎不输于琼岛。主要建筑景观有极乐世界、阐福寺、西天禅林喇嘛庙、五龙亭、九龙壁、静心斋等。

1 琼华岛

北海的中心岛屿即是琼华岛，它是北海建筑景观最为集中的区域。琼华岛始建于辽代，经元代扩建，后经明清两代重建形成现在的规模。

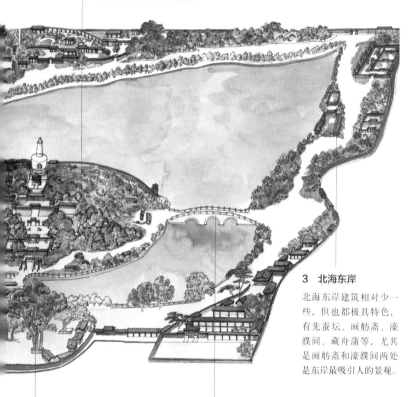

3 北海东岸

北海东岸建筑相对少一些，但也都极具特色，有先蚕坛、画舫斋、濠濮间、藏舟蒲等，尤其是画舫斋和濠濮间两处是东岸最吸引人的景观。

6 团城

团城本是辽代瑶屿行宫的部分，是当时水中的一个小岛。明代时将金昭景门外湖渠填平，使团城成了一座半临水半接岸的半岛。团城上的中心建筑是承光殿，它在明代仪天殿的基址上重建。此外，玉瓮亭、古籁堂、徐清斋、敬跻堂等也都是团城上的重要建筑。

4 陟山桥

陟山桥是北海琼华岛和东岸的连接线，由景山西街西行至北海东门，过陟山桥即可到达琼华岛，小桥正对着琼岛的般若香台。陟山桥是一座三拱的石桥，中孔略大，使桥身中部上拱，造型优美。

景山

景山又称煤山、镇山、万岁山、玄武山，是北京故宫北面的一座山。它原本是一座带有风水性质的山，所以称为镇山、玄武山，它是明代时拆除元代旧城的渣土和挖掘护城河的泥土堆积而成。因为山峰是京城内的最高点，所以又称万岁山。又因为山下曾堆有大量的煤而称为煤山。清代顺治帝将它更名为景山，乾隆帝则在山上大力布置，添建亭台楼阁，使之形成了一座自然景观与人工建筑完美结合的园林。景山上最突出的建筑就是五座亭子，即万春亭、周赏亭、富览亭、观妙亭、辑芳亭。

2　寿皇殿

寿皇殿位于景山中区的北端，与绮望楼南北遥相对应。寿皇殿是景山上最重要、最大的一座殿堂，是仿照故宫太庙而建，殿体坐落在高大的月台之上，整体气势宏大。寿皇殿在清代时是供奉先皇影像的地方。

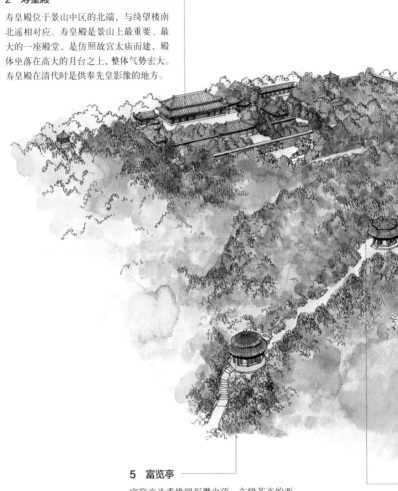

5　富览亭

富览亭为重檐圆形攒尖顶，在辑芳亭的西面。它与东路的周赏亭相对，形制也相同。

3　万春亭

在绮望楼和寿皇殿之间的中峰顶上建有一座体量较大的方亭，这就是万春亭，亭子三重檐、四角攒尖顶，耸立山巅，气势雄伟。亭内供毗卢遮那佛。

1　绮望楼

景山万岁门内的第一座建筑便是绮望楼，它是一座两层五开间的楼阁，建于清代乾隆十五年（公元1750年），楼内供孔子牌位。楼阁下面是一层高大的须弥座式台基，四面围绕着汉白玉的石栏杆。

4　辑芳亭

辑芳亭在万春亭的西路，亭为八角攒尖顶，与东路的观妙亭相对，形式也相同。

圆明园

圆明园位于北京城的西北部，清华大学的西门外，距离颐和园不远。圆明园有万园之园之称，面积庞大，建筑丰富，景观绝美，是清代无与伦比的一座皇家园林。可惜却因清末朝廷的腐败与外国侵略者的入侵而毁于一旦，如今只有一些断瓦残垣留待今人凭吊。圆明园实际上由清代所建的三个部分构成，分别称圆明园、长春园、万春园，三者顺序建造。圆明园建于康熙时，雍正加以扩建，扩建后取"圆而入神，君子之时中也；明而普照，达人之睿智"而将之命名为"圆明园"。圆明园曾经令人流连不知归路的建筑与景观有长春仙馆、九州清宴、蓬岛瑶台、方壶胜境、曲院风荷、天然图画、镂月开云、万方安和、上下天光、海晏堂、远瀛观等。

2 远瀛观正门

远瀛观正门是观水法建筑的一部分，观水法是观看喷泉的地方，包括放置皇帝观水时坐用的宝座的台基、宝座后的石雕屏风、两侧门柱等。现仅残存了部分门柱，由这些残存遗迹上仍能看出柱子雕刻的细致精美程度。因为这组建筑都是西洋式的，这座门的柱子也采用的是西洋的巴洛克柱式。

1 大水法

大水法是圆明园中的西洋景观之一，是一处仿欧式园林的建筑景观。它最吸引人的地方就是机械喷泉，这在当时可是中国前所未闻的创举，是乾隆皇帝对西方园林和西方现代化的机械动力景观的模仿。

3 远瀛观正殿

远瀛观是乾隆四十八年（公元 1783 年）建成，正殿建于高台之上，殿体呈方形，楼阁式。正殿殿身是一体，而从顶式来看，则是以一高楼居中，左右各一配楼，前部正中为拱券门，门两侧各有一座双层的钟楼式楼，总中有分。

4 方塔

在大水法前方左右各建有一座方塔，两塔相对，造型也相同，塔高达十层，下部还有一层方正的高台基。塔的平面为方形，而塔身整体从立面看呈锥形，下大上小，比较稳固。

御花园

北京故宫御花园是一座明代时修建的皇家园林，是和北京故宫一同建造而成，因为处于宫廷之内，所以称为内苑。它不同于颐和园、北海的开阔宏大，而是面积相对较小，只是帝后们日常游赏之地。这座御花园位于故宫轴线的北端，平面为东西宽、南北窄的矩形，园内建筑与景观布置也延续前部的宫殿，以中轴对称的形式设置，整齐对称，轴线上的主体建筑为钦安殿，居于园子中部偏北位置，轴线两侧主要建有养性斋、绛雪轩、千秋亭、万春亭、澄瑞亭、浮碧亭、位育斋、摛藻堂等。

2 延晖阁

延晖阁在位育斋的东面，是一座两层的楼阁，上下皆为三间，周围带回廊，不过上层开间较大。楼阁倚墙而建，装饰华丽精致，凸显皇家气势。

1 位育斋

北京故宫御花园最西北端的一座建筑名为位育斋，它是一座单檐硬山式建筑，这种建筑形制在皇家园林中并不多见，因为硬山多为较低等级的建筑所用。

6 养性斋

养性斋位于御花园的西南角，平面凹形，曾是当初帝王、皇子的读书楼。楼阁前部面对层叠的假山，以假山遮掩出一方幽静空间。

3 钦安殿

钦安殿是御花园内最重要的殿堂，居于花园中轴线偏北位置，它是一座明代留存的殿堂，历史较久。

4 堆秀山

堆秀山是御花园东路北端的重要景观，山上建筑一亭名御景。它与西路的延晖阁位置相对，两者虽然在造型上不同，但气势上相仿，所以东西设置看起来依然均衡。

5 摛藻堂

摛藻堂也是一座单层建筑，悬山顶，在气势、体量上与西路的位育斋相仿。摛藻堂是乾隆年间建来储藏《四库全书荟要》的地方。

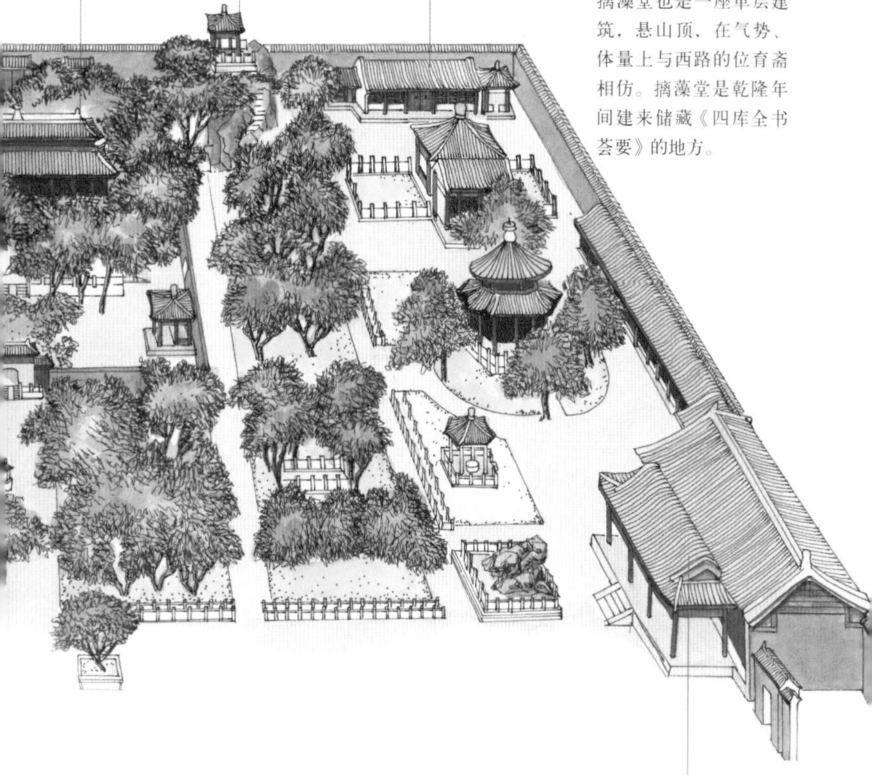

7 绛雪轩

绛雪轩位于御花园的东南角，位置与养性斋相对，大小气势上也与养性斋相仿。不过，在建筑平面上，采用的是与养性斋相对的凸字形，即主体前方带小抱厦。

乾隆花园

乾隆花园也是一座位于北京故宫之内的内廷宫苑，它的位置在故宫东路的北端，位于宁寿宫区内，也称宁寿宫花园。这里是清代的乾隆皇帝开辟作为他晚年燕居的地方。乾隆退位后就住在宁寿宫。乾隆花园是一个南北走向的长条形花园，建筑依此走向布置，主要有古华轩、遂初堂、萃赏楼、符望阁、倦勤斋等。

乾隆花园的特色，在于园内各种题字多出于乾隆皇帝之手，而且建筑自然将园林分为多个相对独立的区域，区域景观又各不相同。

1 禊赏亭

禊赏亭位于乾隆花园第一进院落的西侧，这座亭子有两大特点：一是顶为十字形，即以一顶为中心、四面出抱厦的形式；二是亭内地面开凿出了曲折的流水槽，以象征文人雅士流杯赋诗的曲水。

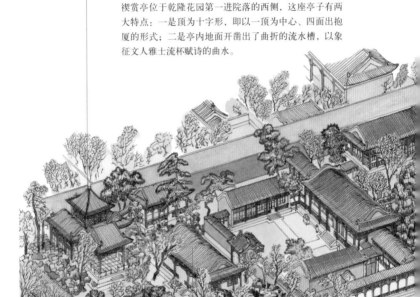

2 古华轩

古华轩是乾隆花园第一进院落的主体建筑，是一座四面开敞的敞轩，单檐卷棚顶，造型轻巧、装饰华丽。

5 倦勤斋

倦勤斋是乾隆花园的最后一座建筑，它是一座九开间的长殿，东面五间与符望阁相对，而西四间则被一道竖廊隔到第四进院落的外部了。倦勤斋是乾隆皇帝拟定退位后的颐养之地，所以名"倦勤"。

3 萃赏楼

萃赏楼是乾隆花园第三进院落的主体建筑，是一座二层的楼阁，上下层皆为五开间，前带廊，顶为卷棚歇山式，因为体量高大，所以在前后重叠的假山之中依然醒目。

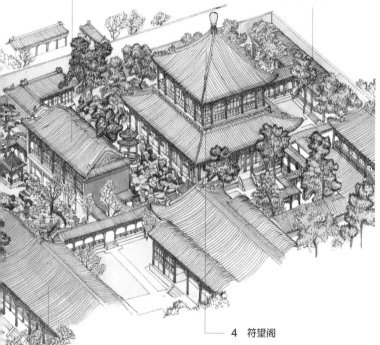

4 符望阁

符望阁是一座体量巨大的楼阁，是乾隆花园内最重要的一座建筑，也是一座很特别的建筑，因为它既是全园的主体，又是楼阁，但却是一座方亭的形式，四方攒尖顶。楼体四面木质朱红隔扇，四面围廊，气势宏伟。

6 三友轩

三友轩是一座三开间的单层建筑，轩名"三友"得于松、竹、梅这岁寒三友，轩内装饰、装修都以这三者为题材，非常高雅不凡。

慈宁宫花园

慈宁宫花园建于明代嘉靖年间，它和御花园、乾隆花园一样，也是北京故宫内的内廷宫苑，位于故宫轴线西侧，大致是在故宫西路的中部。这座宫苑在清代时多次重修、改建，但总的布局仍大体保持明代样式。慈宁宫是太皇太后、皇太后等的居所，虽然宫区面积较大，但花园的豪华程度却无法与乾隆花园相比。慈宁宫花园布局以轴线为主，前后有园门、假山、临溪亭、咸若馆、慈荫楼，以及宝相楼、吉云楼等建筑与景观。

2 延寿堂

延寿堂是一座单层勾连搭顶的房子，并且顶部铺瓦为布瓦，朴实素雅。延寿堂和园子东部的含清斋相对，两者造型、体量也相同，分别是当初乾隆皇帝侍奉其母汤药和苦次所居。

1 临溪亭

临溪亭是一座平面四方形的亭子，建在慈宁宫花园内部偏南的水池之上，亭子的顶式为攒尖式。这座亭子原是明代时的临溪馆，建于明代万历六年（公元 1578 年），不久改名为亭。

3 吉云楼

吉云楼是一座两层的楼阁，面阔七开间，背靠园子的围墙。吉云楼内四壁满布木雕佛龛，是一座敬佛理佛的处所。慈宁宫花园建筑布局比较对称，吉云楼即和东部的宝相楼相对而立，体量、造型也相同。

5 慈荫楼

慈荫楼是慈宁宫花园的最后一座建筑，是座两层的楼阁，面阔五开间，前带廊，后倚园墙。慈荫楼内供有佛像，也是一座佛楼。

4 咸若馆

咸若馆是慈宁宫花园的主体建筑，面阔五开间，单檐歇山顶，前带三间卷棚歇山顶的抱厦，体量宽大，显示出主体建筑的气势。

礼亲王花园

礼亲王花园是清太祖努尔哈赤第二子礼亲王代善后代所建的府邸，始建时间在康熙年间。花园建在京西海淀镇南，所以也称京西礼亲王花园。花园占地面积约50多亩，分为居住区、自然山林区和人工园林区三个部分，布局或疏朗或紧密，各有特色而相得益彰，相对来说，前部相对严谨，后部相对活泼。园中景观以叠山取胜，而池水也不缺乏，又植满名贵花木，四季皆有花开，建筑或建于开阔之地，或隐于花木山石之间，景致或幽或明，令人流连，堪称清代王府花园的典范。

1 独院幽境

三开间勾连搭顶的建筑与门厅、右侧的围廊相组合，似成一院还未成一院，正巧有一道假山围于左侧，既添景致又添幽情，一处独立清幽的院落仿若自然天成一般，成为可游可居的佳处。

2 池中亭岛

在小型私家园林中，为了丰富中心水池的景观，往往于池上搭桥建亭，而较大一些的园林中，则于池内叠岛后再建亭台。这里的庭院宽敞，池水广阔，池中叠岛建亭后有如仙山琼岛。

4　合院

园林要可游、可观、可行、可居，同时具有多种功能，建园者往往在园中或园旁辟出宅院以供居住，以达时时处处美景之中卧游的目的。这处院落前后相延，整齐划一，有零落的景致但不多，而以居住建筑为主。

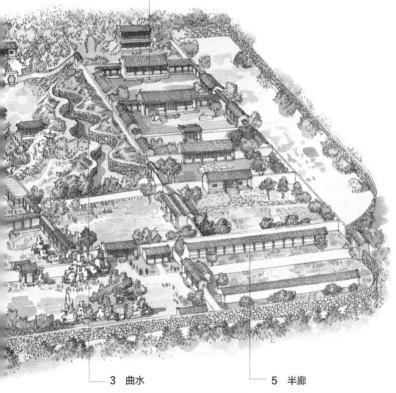

3　曲水

园林景观讲究的是自然随意，譬如池岸大多只依形叠砌即可，但这里这道流水的两岸却偏偏刻意人工砌筑，成为多折的 S 形，远观如蚯蚓，又如袅袅升起的轻烟，形态生动，虽为人工然而却可赏可观。

5　半廊

廊可游赏，可休息，长而曲折的廊形态优美，而直形的廊也自有一种干脆利落之气。直而半敞的短廊可以观景、坐息，其不开敞的一面还可以作为遮挡内院的墙。

避暑山庄

避暑山庄位于河北省承德市，是中国现存最大的皇家园林，面积是北京颐和园的两倍。避暑山庄又名热河行宫，是清代帝王重要的避暑之地，甚至也可以看作是清帝的第二个政事处理中心。山庄初建于清代康熙年间，直到乾隆年间仍有大规模的增修扩建。全园分为宫殿区和苑景区两大部分，宫殿区包括正宫、松鹤斋、万壑松风和东宫，面积相对较小，而苑景区又包括湖区、山区、平原区三个部分，面积较大，其中以湖区为景观重点。湖区大体按照一池三山的形式布置，湖中有如意洲、月色江声、环碧、青莲、金山等多座岛屿，岛上各有建筑，各成景观，大小景观不计其数，著名者就有七十二景之多，包括康熙三十六景和乾隆三十六景。

避暑山庄

广东可园

广东可园

可园可以理解为可爱之园、可人之园，这样的名字对于中国追求精巧、自然的古典园林来说，是非常适合的，所以现存小园中有很多名为"可园"，北京、苏州、台湾等地都有，这座位于广东省东莞博望村的园子也名可园。虽然名称相同，但却各有特色，广东可园就是极具岭南地方特色的古典小园，它是岭南最著名的古典园林之一。园主是清代道光、咸丰年间的广西、江西按察使兼布政使张敬修，他琴棋书画、金石、武学样样精通，同时也善于敛财，所以才能建造出这样一座既有意境又有一定气势的园子。园子面积近2万平方米，分庭院和湖景两区，亭、台、楼、廊、山、水相依，花果繁盛。

成都杜甫草堂

成都杜甫草堂

杜甫草堂是唐代著名诗人杜甫避难流居之所，位于四川省成都市西门外的浣花溪边，是一处环境清雅、建筑简朴的文人园林。杜甫在世时这里其实只有一间茅屋而已，五代、宋、元、明、清时，人们出于对杜甫的崇敬之情，在这里建屋、建祠、建亭，又植花莳草，形成今天的园林景观。现今园中景观有影壁、大门、大廨、诗史堂、露梢枫叶轩、花径、柴门、工部祠、草堂书屋、少陵草堂碑亭、一览亭、梅苑等。绿树浓荫，青竹滴翠，让人无限追想诗圣的幽雅、寂寞胸怀。

煦园

煦园位于江苏省南京市长江路，是南京现存不多的几座古典名园之一。它原是明代汉王陈理府邸，后来西部成了黔宁王沐英府第，东部则成了明成祖朱棣次子朱高煦的汉王府。朱高煦得了半部园子后又加以扩建，形成独立的宅园，并以自己的名字命名宅园而称"煦园"。煦园从建成至今，经历的最大劫难是太平天国人战。现今经过不断维修整理，已基本再现当年景象。园子平面呈南北走向的近似窄长的斜梯形：左部是南北走向的长条形的太平湖，湖上北部建有漪澜阁、南部建有不系舟；右部为厅馆建筑，有因桐而名的桐音馆、开敞的花厅、孙中山故居。花厅的西面临着太平湖建有忘飞阁，与阁相对的西边湖岸建有夕佳楼。

煦园

檀干园

檀干园是一座徽州园林，位于安徽省歙县的唐模村，由清代乾隆时徽州的许姓富商所建，但它不叫许园而叫檀干园，主要是因为建园时园中有高大的檀树，所以得名。这座园子相对较小，园中最突出的是一湾湖水，水中建有三潭印月、湖心亭、堤、玉带桥等建筑景观，是依照杭州西湖而建，所以也称为小西湖。同时，它也如杭州西湖一样是一座公共园林的形式，外人可以自由出入游赏。清新的自然山水与粉墙黛瓦的素雅建筑相结合，比其他地方的小园林更雅致，加上园中人工建筑少、自然景观多，更突显中国古典园林的意趣。

檀干园

瞻园

瞻园位于江苏省南京市区的瞻园路，也是现存南京古典名园之一。园子建于明代嘉靖年间，是明初大将徐达的后人徐鹏举创建。据王世贞《游金陵诸园记》记载，当时的南京有徐达后人所建宅园近十处，瞻园即是其一，当时的园名为"魏公西圃"。清代时，乾隆皇帝二下江南，游园后赐名"瞻园"。瞻园西区大面积为园，东区小面积为纯粹的建筑区。建筑区有大门、仪门、大堂、二堂、三堂等，是办公的府衙形式。西区园子水池占了较大面积，有三个大的水面，但三者是相互连通的，之间是窄细的溪峡，这样不会让水面过分开敞以显得太枯燥乏味。西区的主体厅堂为静妙堂，池水临照，花木掩映。

瞻园

板桥林家花园

板桥林家花园是一座著名的园林，极具地方特色，又名板桥别墅、林本源园林，是望族富商林家所建，建筑时间在清代的同治、光绪时期。位于市郊的板桥林家花园的布局不若皇家园林的规整，甚至也没有一般园林的相对完整性，不讲究以水池为中心，而是比较随意，其大形如此，细部建筑、景观也是如此。园林总体形状看似三角形，但尖端又有一个斜向突出。园中分为山池区、书斋区、观花区、宴会区、待客区等几部分，各以院落布置，间以廊、墙、桥等相连或相隔，没有明显的主次之分。

5 香玉簃

林家花园内的香玉簃是一座依着回廊扩建而成的小建筑，它是林家人观赏花卉的地方，临近林家特设的花圃。花，色美而带清香，所以建筑因花而名。

3　横虹卧月

横虹卧月是林家花园内一座很特别的建筑，被称为"陆桥"。桥一般都是建在水上的，尤其是在小园林中，但林家这道桥却不临水，更不建在水上，所以称为陆桥。它的形态如桥，底下是通行的门洞，体形修长，非常漂亮。

2　方鉴斋

方鉴斋距离汲古书屋不远，是林家兄弟读书的地方，这是一处带水池的相对独立的小庭院，院中小池一方，内植睡莲，环境清雅。不过，说是读书处，在主建筑的对面却建有一座亭式小戏台。

4　观稼楼

观稼楼是一座两层的楼阁，之所以称为"观稼楼"，是因为当初登楼后可以观赏到园外的田园风光，农桑稼事可尽情一览。因此，这座楼也是园内极好的借景建筑。

1　汲古书屋

汲古书屋是林家收藏图书的地方，建筑的名字比较雅致，而建筑的形式则可用"特别"二字来形容。在它的主体前方，即中央开间的前方搭建有一间圆顶的亭子，这个圆形并不是圆形攒尖顶，而是半圆的圆桶形式。

晋祠

晋祠又称唐叔虞祠，位于山西省太原市西南的悬瓮山下，原本是为纪念周武王次子姬虞而建。周成王将其弟虞封在唐国做诸侯，而唐国即后来的晋国，因晋水而名。北宋时，朝廷又在祠内建圣母殿，以纪念叔虞之母邑姜，其后又不断增加新的景观，逐渐形成了以圣母殿为中心的一个大型的景观园林。晋祠的重点景观和珍贵之物有所谓三绝和三宝等，包括圣母殿、圣母殿内的塑像、献殿、鱼沼飞梁、难老泉、善利泉、水镜台、对樾坊等。

1 圣母殿

晋祠的建筑与景观布局并不按传统的对称法或均衡法，而是比较随意，但其中的主体建筑群——圣母殿却是自成对称格局，主殿居后部，重檐歇山顶，内供圣母像。

2 难老泉亭

难老泉是晋祠名泉之一，泉上建亭以护、以观，亭为八角攒尖顶，位于圣母殿前右侧。

4 叔虞祠

叔虞祠是一座独立成院的建筑群，主体大殿也是重檐歇山顶。这座祠是为纪念周成王的弟弟叔虞而建，原本是晋祠的主体，后因建筑了供奉其母邑姜的圣母殿，叔虞祠便居于次要地位了。

3 善利泉亭

善利泉亭与难老泉亭相对，居于圣母殿的左前方，亭子的造型也是八角攒尖顶，亭内也有一泓清泉。

5 三清洞

三清洞是为供奉道教三清而建，道教三清是道教的三位尊神，他们分别是太清道德天尊、上清灵宝天尊、玉清元始天尊。

6 钧天乐台

钧天乐台是晋祠内的一座戏台，它在造型上与祠内的水镜台相仿，也是勾连搭的屋顶。

参考文献

[1] 中国美术全集编委会.中国美术全集：（3）园林建筑 [M].北京：中国建筑工业出版社，1991.

[2] 刘叙杰.中国古代建筑史第一卷 [M].北京：中国建筑工业出版社，2003.

[3] 傅熹年.中国古代建筑史第二卷 [M].北京：中国建筑工业出版社，2001.

[4] 郭黛姮.中国古代建筑史第三卷 [M].北京：中国建筑工业出版社，2003.

[5] 潘谷西.中国古代建筑史第四卷 [M].北京：中国建筑工业出版社，2001.

[6] 孙大章.中国古代建筑史第五卷 [M].北京：中国建筑工业出版社，2002.

[7] 北京市文物研究所.中国古代建筑辞典 [M].北京：中国书店，1992.

[8] 彭一刚.中国古典园林分析 [M].北京：中国建筑工业出版社，1986.

[9] 天津大学建筑工程系.清代内廷宫苑 [M].天津：天津大学出版社，1986.

[10] 天津大学建筑系，北京园林局.清代御苑撷英 [M].天津：天津大学出版社，1990.

[11] 魏国祚.晋祠名胜 [M].太原：山西人民出版社，1990.

[12] 杨连锁.晋祠胜境 [M].太原：山西古籍出版社，2000.

[13] 张德一，杨连锁.晋祠揽胜 [M].太原：山西古籍出版社，2004.

[14] 高珍明，覃力.中国古亭 [M].北京：中国建筑工业出版社，1994.

[15] 苏宝敦.北京文物旅游景点大观 [M].北京：中国人事出版社，1995.

[16] 王其钧，何钰烽.北京皇家园林 [M].北京：中国建筑工业出版社，2006.

[17] 寒布.故宫 [M].北京：北京美术摄影出版社，2004.

[18] 刘庭风.中国古园林之旅 [M].北京：中国建筑工业出版社，2004.

[19] 刘敦桢.苏州古典园林 [M].北京：中国建筑工业出版社，2005.

[20] 米拭.苏州名胜传说 [M].苏州：古吴轩出版社，1995.

[21] 苏州园林管理局.苏州园林 [M].上海：同济大学出版社，1991.

[22] 蒋康.虎丘 [M].南京：南京工学院出版社，1984.

[23] 吴仙松.西湖三岛 [M].成都：西南交通大学出版社，2004.

[24] 韦明铧.个园 [M].南京：南京大学出版社，2002.

[25] 杜海.何园 [M].南京：南京大学出版社，2002.

[26] 张济.兰亭 [M].杭州：西泠印社，2001.

[27] 韦明铧、韦艾佳.瘦西湖 [M].南京：南京大学出版社，2002.

[28] 朱正海.园亭掠影——扬州名园 [M].扬州：广陵书社，2005.

[29] 吴靖宇.拙政园 [M].南京：南京工学院出版社，1988.

[30] 徐文涛.网师园 [M].苏州：苏州大学出版社，1997.

[31] 陈珍棣.网师园 [M].南京：南京工学院出版社，1988.

[32] 张橙华.狮子林 [M].苏州：古吴轩出版社，1998.

[33] 施放.留园 [M].南京：南京工学院出版社，1988.

[34] 许少飞.扬州园林 [M].苏州：苏州大学出版社，2007.

[35] 清华大学建筑学院.颐和园 [M].北京：中国建筑工业出版社，2000.

[36] 林健、谷芳芳.颐和园长廊画故事 [M]. 北京：中国电影出版社，1995.

[37] 辛文生.颐和园长廊画故事集 [M]. 北京：中国旅游出版社，1985.

[38] 刘若晏.颐和园 [M]. 北京：北京出版社，1991.

[39] 耿刘同、翟小菊.颐和园 [M]. 北京：北京美术摄影出版社，2000.

[40] 傅清远.避暑山庄 [M]. 北京：华夏出版社，1993.

[41] 王舜.承德旅游景点大全 [M]. 北京：民族出版社，1997.

[42] 王舜.承德名胜大观 [M]. 北京：中国戏剧出版社，2002.

[43] 张恩荫.圆明大观话盛衰 [M]. 北京：紫禁城出版社，2004.

[44] 王威.圆明园 [M]. 北京：北京美术摄影出版社，2000.

[45] 张富强.皇城宫苑（六册）[M]. 北京：中国档案出版社，2003.

[46] 吴仙松.西湖风景名胜博览 [M]. 杭州：杭州出版社，2000.

[47] 马家鼎.大明寺 [M]. 南京：南京大学出版社，2002.

[48] 喻革良、王伟.漫话兰亭 [M]. 海口：南方出版社，2005.

[49] 洪振秋.徽州古园林 [M]. 沈阳：辽宁人民出版社，2004.

[50] 楼庆西.中国古建筑小品 [M]. 北京：中国建筑工业出版社，1993.

索 引

索 引

拥翠山庄·······················333
拥翠山庄抱瓮轩···············130
拥翠山庄问泉亭···············170
拥翠山庄拥翠阁···············107
拥翠山庄月驾轩···············130
游廊···························196
鱼鳞纹铺地····················232
玉兰····························56
玉器··························304
玉泉山玉峰塔··················220
郁金香·························60
御花园·························358
御花园堆秀山···················52
御花园绛雪轩··················131
豫园··························349
鸳鸯厅·························86
鸳鸯亭························153
园林的地域性···················73
园林花木······················52
园林中的牌坊··················315
圆明园························356
圆堂···························85
圆亭··························150
圆形藻井······················295
圆桌··························267
远借····························3
月洞式门罩架子床··············282
月亮门························240
云墙··························214

长方桌·························266
长廊··························194
障景····························2
罩····························256
折叠桌·························269
折屏··························260
支摘窗·························242
直廊··························194
植物图案铺地··················235
钟表··························307
重檐亭·························152
诸葛拜斗石····················224
竹·····························53
砖雕··························312
砖雕匾额······················313
砖雕垂花门····················312
砖雕脊饰······················313
砖雕漏窗······················313
砖雕门楼······················311
砖雕牌坊式门楼················312
砖栏杆·························249
砖铺地·························230
砖塔··························218
砖瓦石混合铺地················230
缀景····························1
拙政园·························320
拙政园拜文揖沈之斋············136
拙政园待霜亭··················158
拙政园倒影楼··················101
拙政园得真亭··················156
拙政园芙蓉榭··················121
拙政园浮翠阁··················101
拙政园荷风四面亭··············159
拙政园嘉实亭··················157
拙政园见山楼··················100
拙政园兰雪堂···················89

Z

造景····························1
斋··························134
斋与馆·························134
瞻园··························369
长窗··························243

这本《中国园林图解词典》的编写是建立在我考察了中国各地区众多园林的基础之上完成的。这是比较各种园林之间的差异、收集更加详细具体资料的基础。研究建筑历史，亲眼看、亲手绘、亲自感受是必不可少的基础。明代董其昌所说的"读万卷书，行万里路"，还是颇有辩证哲理的，它强调了理论与实践这两者之间相辅相成的关系。

汪克建筑师说十几年前我曾经有一个短暂的学术成果的"井喷期"，书籍一本一本地完成出版。其实这种"井喷"现象是长年积存，而在短期内释放的暂时现象。在此之前，当清华大学的王贵祥教授、重庆大学建筑城规学院李和平教授、四川美术学院谢吾同教授、《南方建筑》主编邵松建筑师等同好到加拿大多伦多我家中看望我的时候，我案头的文稿堆积如山，调查的资料乱七八糟地塞在一个橱子里，近两万张反转胶片还未归类入册，那时想"喷"也"喷"不出来。

这本书的出版与机械工业出版社建筑分社赵荣副社长的支持和鼓励密不可分，此次出版时颂编辑审读书稿付出了大量的时间和精力，我向她们表示感谢。我还要向参与本书编著工作的李文梅、王晓芹等学生表示感谢。吴亚君、刘巧玲从始至终的协助，是我要特别感谢的。

书中所有的照片均由我本人拍摄。

王其钧
于北京